VERLAG ANTJE
KUNSTMANN

STEFANO MANCUSO
CARLO PETRINI

Die Wurzeln des guten Geschmacks

Warum sich
Köche und Bauern
verbünden müssen

Aus dem Italienischen
von Christine Ammann

Verlag Antje Kunstmann

INHALT

Stefano Mancuso und Carlo Petrini trafen sich an der Università di Scienze gastronomiche, *der Universität für gastronomische Wissenschaften in Pollenzo, einem Dorf bei Bra in der Provinz Cuneo. Aus dieser Begegnung zweier brillanter, mutiger Köpfe hat sich ein lebhafter, offener Dialog entwickelt.*

Der fruchtbare Austausch zwischen der Gastronomie der Befreiung *und der Pflanzenbiologie kann zu einer neuen Sicht auf die Welt führen, durch die wir uns von überholten Paradigmen lösen und unsere Nahrung und deren Erzeugung zum Mittelpunkt eines wahrhaft humanitären Projekts machen können.*

1

Im Jahr 2050 werden neun Milliarden Menschen auf der Erde leben

STEFANO MANCUSO: Lass uns mit etwas Einfachem beginnen, zum Aufwärmen … und wie ich das sehe, mit einem der größten Probleme, das die Menschheit in den nächsten Jahren lösen muss. Eigentlich hätte es im Zentrum der Expo 2015 stehen müssen, deren Motto ja hieß »den Planeten ernähren«. Aber offenbar hat sich niemand darüber Gedanken gemacht, was das heißt: nämlich, dass alle genug zu essen haben …

CARLO PETRINI: Du sagst es.

MANCUSO: Wenn man wirklich nach einer Lösung dafür sucht, dann muss man schon im Ansatz davon ausgehen, dass die Ressourcen unseres Planeten endlich sind – und dass jedes System, das auf einen rastlos wachsenden Konsum setzt, unweigerlich zum Scheitern verurteilt ist. Das sagt einem einfach der gesunde Menschenverstand. Unsere Zukunftsperspektiven, unsere Gesellschaftsordnung und unsere Wirtschaft können nicht länger darauf basieren, dass der Konsum unaufhaltsam steigt. Wenn wir auf der Erde mit ihren endlichen und, so wage ich zu behaupten, zum Teil fast schon erschöpften Ressourcen weiter so konsumieren wie bisher, dann ist das einfach leichtfertig und gedankenlos.

PETRINI: Genau. Wir befinden uns, meine ich, an einem Punkt, wo wir einsehen müssen, dass wir mit dem Paradigma des Konsums, angeblich endloser Ressourcen und damit einer zunehmend intensiveren Nahrungsmittelproduktion nicht nur der Umwelt schaden, sondern auch daran scheitern, das Hungerproblem zu lösen. Und gleichzeitig erleben wir heute eine Lebensmittelverschwendung, wie es sie in der Geschichte der Menschheit noch nicht gegeben hat.

MANCUSO: Das liegt vermutlich an unserer Organisationsform.

PETRINI: Ja, das herrschende Paradigma fordert diese Verschwendung geradezu. Seine Theoretiker behaupten, um das Problem der wachsenden Weltbevölkerung zu lösen, müsse man immer mehr Nahrungsmittel produzieren. Aber wenn die Zahlen, die uns vorliegen, stimmen, dann werden heute ungefähr vierzig Prozent der globalen Produktion verschwendet. Darum ist das das Feld, das wir dringend und zuallererst beackern müssen: Wir müssen die Lebensmittelverschwendung eindämmen. Wir brauchen ein neues Paradigma, das uns unsere Verantwortung vor Augen führt und uns zeigt, dass wir ein anderes Verhältnis zur Natur pflegen und mit unseren Ressourcen besser haushalten müssen: Statt Nahrungsmittel zu verschwenden, müssen wir unter verschiedenen und nicht nur unter Profitgesichtspunkten besser und effizienter produzieren. Der Kern ist doch folgender: Weil wir immer nur damit beschäftigt waren, die Produktion zu steigern, haben wir vergessen, dass die Ressourcen begrenzt sind – und dass wir, wie mein Freund Papst Franziskus sagen würde, eine ethische Verantwortung gegenüber der Schöpfung haben. Es gibt nämlich eine ethische Verantwortung, eine gesunde Beziehung zur Natur, aber die wurde von der rastlosen Gier nach ständig steigenden Produktionsmengen vollkommen an den Rand gedrängt.

Wir befinden uns heute in einer entropischen Krise, die unser Produktionsstil verursacht hat, in einer Krise, die wir nur durch einen Paradigmenwechsel lösen können. Wenn uns das Paradigma befiehlt, angesichts einer wachsenden Weltbevölkerung und wachsender Bedürfnisse immer mehr statt vernünftiger zu produzieren – fast möchte ich sagen, mit mehr Liebe zur Natur und dem, was sie uns bietet –, dann werden wir die Krise nie bewältigen können. Die Antwort kann nicht lauten: immer mehr Wachstum, koste es, was es wolle, wie uns die Wirtschaftswissenschaft sagt. Denn um es auf den Punkt zu bringen, der Kern des Problems ist doch eigentlich, dass auf unserer Welt Armut und Ungerechtigkeit herrschen und es vielen Menschen daher am täglichen Brot fehlt. Darum geht es. Es geht nicht um die Nahrungsmittelmenge, sondern um die Ungerechtigkeit, dass ein riesiger Teil der Weltbevölkerung nicht genug zu essen hat, während die anderen mehr als genug haben und riesige Mengen an Nahrungsmitteln vernichten.

MANCUSO: Da hast du wohl recht. Deshalb habe ich große Sympathie für eine Ethik, die auch das Verhältnis des Menschen zur übrigen Kreatur berücksichtigt. Das ist für mich eine fundamentale Frage, deren Beantwortung wir nicht länger aufschieben können, und in diesem Punkt ist die Umweltenzyklika von Papst Franziskus übrigens sehr interessant. Auch in der Wissenschaft bewegt man sich ja häufig in einer Welt, in der noch ein, sagen wir, eher antiquiertes Menschenbild vorherrscht, das den Menschen als absoluten Herrscher über die Schöpfung sieht. Wir leben heute gewissermaßen in einer Umbruchzeit, die an die kopernikanische Wende erinnert. Kopernikus und Galilei haben uns gezeigt, dass die Erde nicht der Mittelpunkt des Universums ist, sondern nur der dritte Planet in einem kleinen Sonnensystem, das sich etwas abseits, in einer Randgalaxie des Weltalls befindet. Und es fiel uns nicht leicht, zu akzeptieren, dass unser Platz im Universum in Wahrheit viel unbedeutender ist als gedacht. Ich wünschte mir, wir würden heute eine ähnliche Wende erleben, mit der wir unsere Vorstellung vom Verhältnis des Menschen zu den anderen Lebewesen zurechtrücken. Der Mensch sollte sich nicht mehr als Mittelpunkt der belebten Welt sehen, um den die anderen Lebewesen kreisen, sondern als ein Element im Ökosystem.

Weil wir nämlich nicht wirklich begreifen, welche Rolle wir im Ökosystem spielen, erkennen wir nicht einmal, welche Schäden unsere Art anrichtet. Dabei hat sich unsere Fähigkeit, Schäden zu verursachen, im Lauf der Zeit noch erheblich gesteigert. Allerdings will ich damit nicht sagen, dass unsere Art auch nur im Entferntesten in der Lage wäre, das Leben auf der Erde auszulöschen. Davon kann gar keine Rede sein: Wir übertreiben wieder einmal, selbst in unseren Katastrophenszenarien. Wir sind wohl unverbesserliche Großmäuler … sympathische Don Quichottes. Das Leben auslöschen! Was wir uns da bloß einbilden! Wir können höchstens uns selber auslöschen. Das wäre nicht schön, aber objektiv gesehen und in Anbetracht der Fülle des Lebens vollkommen nebensächlich.

Offenbar haben wir nur eine sehr ungenaue Vorstellung von der Bedeutsamkeit unserer Art. Wir halten uns für die erfolgreichsten Lebewesen auf der Erde. Aber sind wir das wirklich? Worauf stützt sich unsere Gewissheit überhaupt? Versuchen wir doch einmal, diesen Erfolg zu konkretisieren, in konkrete Zahlen zu fassen, wie in der Wissenschaft üblich. Dann sehen wir nämlich, dass unsere Überheblichkeit jeder Grundlage entbehrt. In der klassischen Evolutionstheorie bemisst sich der Erfolg eines Organismus nämlich danach, wie stark er sich vermehren kann. Erfolgreiche Organismen vermehren sich stärker als andere, ihre Populationen sind größer und ihre Gene weiter verbreitet.

Okay? Nach dieser Definition sind die Tiere auf der Erde eine zu vernachlässigende Größe. Die Biomasse der Erde besteht fast vollständig aus Pflanzen. Wirklich fast vollständig.

Die Pflanzen sind für sage und schreibe 99,7 Prozent des Gewichts all dessen verantwortlich, was auf der Erde lebt. Unfassbar! Wenn alle Pflanzen verschwinden würden, wäre das das Ende jeglichen Lebens auf der Erde. Aber wenn der Mensch verschwände, wäre das nur eine Fußnote in der Geschichte unseres Planeten.

Eine Ethik der Natur: Wenn unser Verhältnis zur Natur, zur Schöpfung, nicht länger auf Ausbeutung, sondern auf Wohlwollen beruhen würde, dann würden alle davon profitieren.

Aber um auf die Frage der Überproduktion zurückzukommen, die du eben angesprochen hast: Da bin ich ganz deiner Meinung. Es geht nicht darum, dass wir mehr, sondern dass wir vor allem besser produzieren. Die heutige Agrar- und Nahrungsmittelindustrie ist das Ergebnis der Wachstumsmodelle, die wir eben angesprochen haben. Nach diesen Modellen muss die Wirtschaft ständig wachsen und der Konsum endlos zunehmen. Das sind alles Aspekte desselben Problems: Wir müssen wieder ein Gleichgewicht zwischen uns und der Natur herstellen.

PETRINI: Weißt du, was mir an deinem Buch *Die Intelligenz der Pflanzen* so gut gefällt? Dass es uns die Augen für eine Sichtweise öffnet, die den Menschen nicht in den Mittelpunkt stellt, sondern zu anderen Lebewesen in Beziehung setzt. Ich sage das auch angesichts der neuen Enzyklika, die Papst Franziskus gerade verkündet hat. Du hast sie eben angesprochen, und ich finde, sie hält in dieser Hinsicht manches Interessante bereit – das eigentlich schon sehr alt ist. Denn schon der größte Italiener überhaupt, der heilige Franz von Assisi, hat dieses Verhältnis von Mensch und Natur sehr poetisch und einfach großartig beschrieben. Inzwischen sind wir von dem Kurs eines ethischen Verhaltens gegenüber der Natur allerdings ziemlich abgekommen. Wir leben heute in einer Welt, in der Ökonomie und Wissenschaft den Ton angeben und alle ganzheitlichen Sichtweisen, die auch Ethik oder Spiritualität umfassen, an den Rand drängen. Ich sage das als Atheist, ich bin nicht gläubig, aber ich sehe hier im aktuellen historischen Moment dennoch eine große Leerstelle.

Und um den Gedanken zu Ende zu führen: Als Gastronom kann ich unsere tägliche Nahrung in ihrer zentralen Bedeutung nicht von dieser Ethik ausnehmen. Die Achtung gegenüber anderen Lebewesen, gegenüber den Pflanzen gebietet auch, uns in unserer wechselseitigen Beziehung zu den Nahrungsmitteln – die wir zu uns nehmen und dank derer wir ja überhaupt leben – verantwortungsbewusster und weniger ausbeuterisch zu verhalten. Der Mensch ist vom Jäger zum Bauern geworden, und ich wünschte mir, wir würden uns davon lösen, immer nur unsere eigenen Ernährungsbedürfnisse im Blick zu haben. Damit verkennen wir nämlich, dass der Mensch im großen Ökosystem Erde zu allen Lebewesen in Beziehung steht, ja, auf sie angewiesen ist.

MANCUSO: Dass wir heute eine systemische Sichtweise, wie du sie angesprochen hast, brauchen, ist ein ganz wichtiges Thema und, so meine ich, ebenfalls eine Folge der Moderne. Aber wenn die Werte der Moderne falsch sind, dann muss man sie eben korrigieren.

So hat die extreme Spezialisierung unseres Wissens, um nur einen Faktor zu nennen, dazu geführt, dass wir die Verbundenheit aller Lebewesen und ihre Abhängigkeit untereinander nicht mehr wahrnehmen. Ein Beispiel: Wenn ich dir heute jemanden nennen sollte, der sich mit Pflanzen auskennt, dann würde ich dir vermutlich kaum einen Pflanzenforscher, kurzum einen Wissenschaftskollegen von mir, empfehlen. Das scheint seltsam. Aber nicht, wenn man weiß, dass Pflanzenforscher heutzutage nichts mehr mit den etwas langweiligen Damen und Herren gemein haben, die ständig mit der Botanisiertrommel in der Natur unterwegs sind. Die sind nämlich vom Aussterben bedroht. Ihre Art müsste eigentlich gesetzlich geschützt werden! Die meisten Wissenschaftler, die sich heute mit der Pflanzenwelt beschäftigen, sind Molekularbiologen. Und sie erforschen Pflanzen nicht als Ganzes, als klug gebaute, komplexe Lebewesen, sondern widmen sich den einzelnen Aspekten genetischer Beziehungen und molekularer Wechselwirkungen, die sie dann an Hefen, am Menschen oder eben an Pflanzen untersuchen. Sie betreiben damit wichtige Grundlagenforschung, können uns aber nur wenig über pflanzliche Organismen und ihre Rolle in der Welt sagen, geschweige denn, sie in einem neuen Licht erscheinen lassen.

Wer heute begreifen möchte, was eine Pflanze macht, was sie braucht, wie sie sich zu anderen Pflanzen oder zu Tieren verhält, wendet sich am besten an jemanden, der Pflanzen züchtet, der sie hegt und pflegt, mit ihnen lebt, und nicht an einen Molekularbiologen, der, und das liegt in der Natur der Sache, nicht den Organismus als Ganzes oder in seinem natürlichen Umfeld erforscht.

Die extreme Spezialisierung ist eine direkte Folge des Fächerkanons, den die Moderne eingeführt hat. Ihm verdanken wir einerseits ungeheuer weitreichende wissenschaftliche Erkenntnisse und eine bis dahin undenkbare Wissensvermehrung; aber wir haben uns dadurch auch unendlich weit von einer ganzheitlichen Erforschung des Lebens entfernt. Und sind darum, so paradox das klingt, heute nicht mehr so gute Theoretiker wie früher einmal – weil wir dazu einen breiteren Horizont bräuchten. Die riesige Menge an Einzelinformationen, mit denen uns die Wissenschaft heute versorgt, bleibt oft ungenutzt, weil sie sich nicht mehr in ein Gesamtbild einfügen. Lebewesen sind nämlich – eigentlich überflüssig, zu sagen – mehr als die Summe ihrer einzelnen Reaktionen: Sie sind etwas viel Komplexeres.

Wenn wir diese Überlegungen nun vom einzelnen Pflanzenexemplar auf das gesamte Ökosystem übertragen, dann wird deutlich, dass wir dringend eine stärker systemische Methode brauchen, um das, was wir erforschen, wirklich zu verstehen.

PETRINI: Und was sich bei unserem kleinen Exkurs vor allem zeigt: Wer, wie du oder ich, einen alternativen Ansatz vertritt, gilt sofort als seltsamer Zeitgenosse. Aber in einer Welt, in der die Wirtschaft absoluten Vorrang hat, muss man eine ganzheitliche Sicht fördern. Und wo die Wissenschaft beinah zwangsläufig spezialisiert ist, ist sie das doch nur nach ihrem heutigen Selbstverständnis …

MANCUSO: Genau. Sie ist erst so geworden.

PETRINI: … Und darum betrachtet man beispielsweise die Konzepte, die Netzwerke wie Terra Madre oder Slow Food zu Nahrungsmitteln, zu einer *Gastronomie der Befreiung* oder zur notwendigen Versöhnung der Lebewesen mit der Erde entwickeln, als persönliche Meinungen, ja tut sie als esoterisch ab, als wären unsere Ansätze nicht wissenschaftlich fundiert oder würden die ökonomischen Aspekte des Problems nicht berücksichtigen.

Die ökonomische Frage interessiert mich sogar sehr. Beispielsweise interessiert es mich, zu sehen, dass Millionen von Landwirten, Viehzüchtern und Fischern eine unmittelbare Beziehung, ein ganzheitliches Verständnis davon haben, was Mensch und Erde verbindet, und sich mit ihrer Arbeit, mit ihrer Existenz, mit ihrem ganzen Leben Tag für Tag einbringen und dabei natürlich auch wirtschaftliche Aspekte berücksichtigen müssen. Sie haben nämlich den Weg beschritten, der die Lebewesen mit der Erde versöhnt: Dort wird der Kampf um das Recht auf Nahrung und um die Bewahrung der biologischen Vielfalt geführt, und diese Menschen wissen das. Und gleichzeitig sind sie die Hüter eines empirischen Wissens – das vielleicht nicht immer hundertprozentig perfekt ist, aber von Generation zu Generation weitergegeben und laufend durch Erfahrung verfeinert wird und außerdem ideal auf die natürliche Umgebung abgestimmt ist. Ich glaube sogar, nur durch eine ganzheitliche Sicht können wir den angeblichen Widerspruch zwischen Wissenschaft einerseits und traditionellem Wissen andererseits auflösen.

Wenn wir alle mehr Demut zeigen würden – und ich sage das nicht, um uns als Menschen infrage zu stellen, sondern damit wir besser zuhören lernen –, wenn wir alle mehr Demut zeigen würden, dann könnten wir schaffen, was ich für den entscheidenden Schritt unseres Zeitalters halte: Dann könnten wir sowohl hören, was uns die Wissenschaft zu sagen hat, als auch, was uns das traditionelle Wissen sagt, und aus diesem Dialog könnte eine umfassendere, weniger eingeengte Sichtweise entstehen. Mit einer demütigeren Haltung könnten wir diesen endlosen Stellungskrieg vielleicht überwinden – bei dem häufig, mithilfe der Medien, gegensätzliche Thesen aufeinanderprallen, die nur an das Gefühl der Leute appellieren. Damit ist meines Erachtens niemandem geholfen, heutzutage erst recht nicht.

MANCUSO: Ich möchte noch etwas hinzufügen. Du hast vorhin gesagt, dass die Vertreter eines ganzheitlichen Ansatzes wissenschaftlichen Methoden scheinbar kritisch gegenüberstehen. Dem stimme ich zu. Das ist heutzutage absurderweise so, aber davon müssen wir uns schleunigst befreien. Die Welt als Ganzes wird heute eher aus einem philosophisch-humanistischen Blickwinkel erforscht und nicht aus einem wissenschaftlichen. Und das ist der falsche Weg. Die größte wissenschaftliche Revolution der Biologie war die Entdeckung von Charles Darwin, dass sich alles Leben evolutionär entwickelt hat. Und Darwin arbeitete mit etwas, was wir heute einen systemischen Ansatz nennen würden. Er war an allen Naturphänomenen interessiert, und mit diesem Ansatz entwickelte er eine Theorie, die die Welt verändert hat. Die Evolutionstheorie war revolutionär. Es gibt nun ein Vorher und Nachher, und es ist kaum zu glauben, dass Charles Darwin bis heute relativ unbekannt ist. Nicht so bekannt jedenfalls wie Einstein, obwohl Darwins Erkenntnisse meiner Meinung nach bedeutsamer sind.

Darwin würde man heute nicht als Spezialisten bezeichnen. Dafür wurde er übrigens auch scharf kritisiert, einige deutsche Wissenschaftler nannten ihn etwa einen Dilettanten, der wie »eine Hausfrau« experimentiere. Doch diesem Dilettanten verdanken wir die größte biologische Revolution unserer Zeit.

2

Gastronomie und Pflanzenforschung im Dialog

MANCUSO: Im Lauf unseres Gesprächs habe ich immer stärker den Eindruck gewonnen, dass viele typische Pflanzeneigenschaften, die ich ja als Wissenschaftler erforsche, starke Ähnlichkeit mit der Art und Weise haben, wie eure Organisation strukturiert ist. Das Netzwerk von Terra Madre ist nach meinem Eindruck aufgebaut wie eine Pflanze. Das ist doch interessant, aber darauf kommen wir sicher noch zu sprechen.

PETRINI: Die gastronomische Wissenschaft, wie wir sie betreiben, hat ohnehin eine Sonderstellung: Sie wurde von der akademischen Welt nie anerkannt, und darum scheint es manchmal, als sei sie vollkommen neu und modern. In Wahrheit ist es aber doch so, dass sich in der Geschichte der Menschheit alles immer um das Essen gedreht hat, von Anfang an. Zwischen Essen und Gesundheit, Essen und Landwirtschaft besteht seit ewigen Zeiten eine enge Beziehung. Neu ist da gar nichts.

MANCUSO: Pardon, darf ich hier einhaken? Das erinnert mich an etwas, was ich bei Michael Pollan gelesen habe. Er bezieht sich an einer Stelle auf ein berühmtes Zitat von Wendell Berry, dem »Propheten des ländlichen Amerika«, der gesagt hat: »Essen ist ein landwirtschaftlicher Akt«, um dann hinzuzufügen, Essen sei auch ein ökologischer und politischer Akt. Damit will Pollan sagen, dass das, was wir essen, in weiten Teilen bestimmt, wie wir die Erde nutzen – und was aus ihr wird. Du kennst die Stelle sicher und bist mit mir der Meinung, dass sie einen revolutionären Gehalt hat.

PETRINI: Ich kenne die Stelle sehr gut und habe mit Michael schon darüber gesprochen, als er noch kein berühmter Schriftsteller war. Und heute ist es sogar noch wichtiger geworden, die Ganzheitlichkeit der gastronomischen Wissenschaften einzufordern. Wir erleben ja derzeit auf allen Fernsehkanälen eine wahre Rezeptflut, die aber allein den Aspekt des Kochens betont. Alle anderen Faktoren, die genauso wichtig wären, werden dadurch tendenziell vernachlässigt. Umfangreiche gastronomische Kenntnisse sind darum auch ein Grundpfeiler unserer Universität (*Università di Scienze gastronomiche* in Pollenzo, A.d.R.): Nur um Kochkurse zu geben oder raffinierte Rezepte auszuarbeiten, braucht man keine Hochschule, an der Biologie, Genetik, Anthropologie oder Ökonomie umfassend unterrichtet werden. Doch einzig eine vielseitige, fächerübergreifende Sicht auf die Dinge kann ein gut strukturiertes Nahrungsmittelsystem begründen, in dessen Mittelpunkt der fundamentale Akt unseres Lebens steht: ein Akt, den wir ein bis drei Mal täglich wiederholen, je nachdem, wie viel Glück wir im Leben haben. Das ist doch der Kern unseres Lebens: Wir würden nicht leben, wenn wir nicht täglich mit Essen in Berührung kämen. Und darum muss unsere Sicht der Dinge so komplex sein.

Und was das Paradigma betrifft … Natürlich, kein Paradigma gilt ewig. Auch, was wir hier diskutieren, kann keine endgültigen Antworten liefern. Es geht nicht um ein Glaubensbekenntnis. Doch ab und zu braucht die Menschheit einen Paradigmenwechsel, mit grundlegenden Veränderungen, um wieder auf den richtigen Weg zurückzukehren – der heute der Weg der Nachhaltigkeit ist. Und dabei sollten wir nicht vergessen, dass Nachhaltigkeit vom englischen *sustain* kommt: etwas erhalten, die Langlebigkeit oder Widerstandsfähigkeit von Ressourcen sicherstellen.

MANCUSO: Wir müssten allen klarmachen, dass unser Verhalten, das, wie du sagst, momentan ja nicht nachhaltig ist, Folgen für Bereiche hat, die wir unmittelbar spüren. Denken wir nur an den bedenklichen Zustand vieler Anbauflächen in unserem Land. Die meisten Schäden sind durch Vernachlässigung entstanden, vor allem, weil landwirtschaftliche Betriebe aufgegeben wurden. Aber glücklicherweise gibt es erste Anzeichen dafür, dass sich die Dinge allmählich ändern und jüngere Leute sich wieder mit Landwirtschaft beschäftigen – auch die Zahl meiner Studenten nimmt zu. Doch die Jahrzehnte, in denen das Land komplett sich selbst überlassen oder den Bedingungen der Massenproduktion unterworfen war, haben ihre Spuren hinterlassen: Einst fruchtbare, gepflegte und unglaublich schöne Landschaften wurden zerstört. Unser Land wurde, seit es besiedelt ist, gehegt und gepflegt. Wer auf dem Land lebt, der muss lernen, mit der Natur zu leben. Und wird damit gewissermaßen zu ihrem Hüter. All das Gerede über Nachhaltigkeit lässt sich im Grunde auf einen Punkt zurückführen: Der Bauer hat kein Interesse daran, die Ressourcen versiegen zu lassen, die seine Lebensgrundlage bilden. Das lehrt uns die Geschichte der Landwirtschaft. Im ersten Landwirtschaftshandbuch, das vor viertausend Jahren, also noch vor den ältesten Bibelhandschriften, in der sumerischen Stadt Nippur verfasst wurde, leitet ein Bauer seinen Sohn und Nachfolger an. Und alle seine Ratschläge haben nur ein Ziel: das System aus Boden und Wasser durch »nachhaltigen Gebrauch« intakt zu halten. Die Bauern tragen die Ressourcenschonung in ihren Genen. Bei der Großindustrie ist das anders ... Neulich sah ich im Fernsehen eine Dokumentation über Bangladesch und die Garnelenzucht dort, über die ich bis dahin gar nichts wusste. Da spielt sich eine Tragödie ab. Ein klassisches Beispiel für eine vollkommen widersinnige Ressourcennutzung. Diese Kriminellen, diese Großproduzenten in Bangladesch – einer gehört zu den zwanzig einflussreichsten Persönlichkeiten in Großbritannien – bereichern sich, indem sie fruchtbares Land mit Meerwasser fluten. Um dort Krustentiere zu züchten! Nach ein paar Jahren ist der Boden so ausgelaugt, dass dort nicht einmal mehr Garnelen leben können. Und für die landwirtschaftliche Nutzung sind die sterilen, übersalzten Böden dann vollkommen unbrauchbar.

PETRINI: Das haben wir schon vor zehn Jahren beklagt – in meinem ersten Buch *Gut, sauber und fair – Grundlagen einer neuen Gastronomie* (2005). Dort steht schon, dass in Indien sage und schreibe zweitausend Kilometer Küste durch solche Praktiken verseucht wurden. Und noch etwas kommt hinzu: In den betroffenen Gegenden wird das soziale Gefüge ganzer Dörfer zerstört …

PETRINI: Denn die Fischer, die im Meer fischen, müssen immer weiter hinausfahren, weil es an der verschmutzten Küste nicht mehr genug Fische gibt. Aber ihre kleinen Boote sind dafür nicht gemacht. Ganze Mikroökonomien werden dadurch zerstört.

MANCUSO: Weil wir es, wie man auch hier wieder sieht, mit einem ganzen Ökosystem zu tun haben. Solche Dinge lassen sich nicht wiedergutmachen. Wer Äcker versalzt, ist tatsächlich ein Verbrecher. Doch zumindest steht der Kampf gegen die Versalzung der Böden heute weltweit auf der Prioritätenliste ganz oben. Ein Kontinent wie Ozeanien führt heute – nach jahrelangem Irrsinn in Land- und Forstwirtschaft – einen Kampf gegen das Salz und macht das auch zum Forschungsschwerpunkt. Wenn Salz in den Boden eindringt, wird er landwirtschaftlich unbrauchbar – nicht nur, weil der versalzene Boden für immer unfruchtbar ist, sondern auch, weil die Gemeinschaft der Menschen oder die Gemeinschaft anderer Organismen, die von dem Boden leben, dadurch zerstört wird. Und was auch noch nicht allen bewusst ist: Diese Praktiken sind schon für sich genommen verwerflich, selbst wenn sie nur ein einziges Bauerndorf in Bangladesch beträfen. Denn am Ende zerstören sie ein ganzes Ökosystem.

PETRINI: Letztendlich ist das eine Folge des veränderten Konsumverhaltens. Meine Generation hat keine Garnelen gegessen. Höchstens einmal im Jahr, im Urlaub, sind wir an den Hafen gegangen, um Fisch zu essen. Heute findet man auf jeder Speisekarte, vom Restaurant bis zur kleinsten Pizzeria, mehrere Garnelengerichte. Und wenn wir das dann mit Milliarden von Menschen multiplizieren, heißt das, dass die Garnelenindustrie in immer neue Gebiete einfällt und sie zu Sklaven einer irrwitzigen, unerträglichen Ökonomie macht. Und wer profitiert davon? Etwa die Gemeinschaften vor Ort?

MANCUSO: Ach wo!

PETRINI: Es profitieren immer nur ganz wenige, die damit Geschäfte machen.

MANCUSO: Genau.

PETRINI: Was ich eigentlich sagen will: Das derzeitige Paradigma beschädigt nicht nur die Umwelt, den Boden und das Ökosystem, sondern, weil dahinter nur die Gier weniger steht, auch die Würde der Beschäftigten und des Menschen allgemein. Das Konzept hat in Wahrheit verheerende Folgen, weil es sich noch dazu mit der abartigen Vorstellung von einem freien Markt verbindet. Das möchte ich hier wirklich klar und deutlich sagen: Wenn man das Prinzip des freien Marktes auf Nahrungsmittel anwendet, ist das so ungerecht wie nur was, weil unsere Dörfer in den verschiedenen Regionen nämlich von den Erzeugnissen ihres Bodens leben und einen lokalen Markt brauchen. Diese bäuerliche Welt darf nicht unter die Knute eines sogenannten freien Marktes geraten, der Produkte in industriellem Maßstab herstellt und dann aus dem Ausland billig importiert. Aus gesellschaftlichen oder ökonomischen Gründen oder weil die Leute ausgebeutet oder die Produkte genetisch verändert werden, sind seine Produkte billiger und können so die Landwirtschaft einzelner Länder aushebeln und lokale Ökonomien zerstören. Wir stehen hier vor einem Problem von gigantischen, wahrhaft epochalen Ausmaßen.

Und wenn wir das auf unser Land übertragen, heißt das, dass wir nicht nur vor einer Umweltkatastrophe stehen, weil unsere Böden verarmen und wir die Landwirtschaft verlieren, den Grundpfeiler, der den hydrogeologischen Reichtum unserer Hügel geschützt hat – denn die Bauern haben dafür gesorgt, dass die Hügel nicht abrutschen –; unter dieser Katastrophe leidet auch ein Wert, den wir bedauerlicherweise nicht hoch genug schätzen, obwohl er so charakteristisch für Italien ist: die Schönheit unserer Landschaft. Wir haben heute vergessen, dass die europäische Elite jahrhundertelang Italien bereiste, um sich an der Schönheit unseres Landes zu erbauen. Und wenn wir so weitermachen …

MANCUSO: Die Schönheit Italiens ist das Werk von Menschen, nicht nur der Natur.

PETRINI: Das Werk von Menschen! Von Menschen, die die Natur auch unter ästhetischen Gesichtspunkten achteten, wenn sie ihre Dörfer bauten, ihre Äcker bestellten oder das Land gestalteten. Ich habe manchmal den Eindruck, uns ist heute jeder Sinn für Sorgfalt und Pflege abhandengekommen. Das ist vielleicht der entscheidende Faktor …

MANCUSO: Da stimme ich dir zu.

PETRINI: … denn wir wurden nicht nur dazu aufgerufen, den Acker zu bestellen. Wie auch die Enzyklika des Papstes betont, heißt es in der Schöpfungsgeschichte: der Mensch »bebaute und bewahrte« den Garten Eden. Das ermöglicht übrigens auch eine Datierung der Bibel, weil »bebauen« heißt, dass wir damals schon wirkliche Bauern waren, seit fast zehntausend Jahren. Aber wenn in der Bibel nicht nur »bebauen«, sondern auch »bewahren« steht, dann zeugt das zweifellos von großer Weisheit. Und dieser Sinn für Sorgfalt und Pflege fehlt uns heute.

MANCUSO: Jede bäuerliche Gesellschaft, die es ernst meint, weiß nur zu gut, dass sie nur überleben kann, wenn sie ihre Ressourcen mit Sorgfalt behandelt und womöglich noch vermehrt. Und eine der Ressourcen war zweifellos die Schönheit. Der toskanische Halbpächter besaß einen natürlichen Sinn für Schönheit: Das Bauernhaus war schön, der Gemüsegarten war schön, man brauchte damals keine Vorschriften zum Schutz der Landschaft. Jeder Pächter wachte über sein Stückchen Land. Das war eine Form der Weisheit. Heute kommt uns das Gefühl für Schönheit langsam abhanden. Ich erinnere mich an ein Buch von Luigi Einaudi, in dem er schrieb: »Der piemontesische Bauer führt seinen Hof so, dass er immer schön ist.« Er hat noch ein Ideal verinnerlicht, das wir heute nach und nach verlieren. Aber wenn uns die Schönheit nicht mehr interessiert, verlieren wir auch die Achtung vor dem, was uns umgibt.

PETRINI: Apropos, ich habe schon die Stimmen im Ohr, die jetzt sagen: Ich habt gut reden, ihr redet von Schönheit, aber die Leute hatten damals ein armseliges, mühsames Leben. Ich denke, diese Stimmen dürfen wir nicht überhören, aber wir dürfen trotzdem nicht auf Schönheit verzichten, weil Schönheit ein charakteristisches Element Italiens bleiben muss. Wohlstand und Schönheit lassen sich sehr wohl miteinander vereinbaren. Das ist eine Frage der Kultur. Der Wohlstand hat unsere Gesellschaft leider erreicht, ehe sich gewisse kulturelle Kategorien herausgebildet hatten, und darum müssen wir den Wohlstand heute noch um eine weitere Dimension ergänzen: um den geistigen Wohlstand. Denn wenn wir nur in materiellem Wohlstand leben, es uns aber an geistigem Wohlstand fehlt, dann wird die Gesellschaft darunter leiden. Unsere Nachkriegsgesellschaft hat, und das ist eines ihrer Hauptmerkmale, nicht erkannt, dass das moderne Zeitalter und die neuen Wohlstandsbedürfnisse mit einem ästhetischen Kanon in Einklang stehen müssen, der unsere Geschichte und unsere Identität widerspiegelt.

Moderne Welt und Schönheit sind ohne Weiteres miteinander vereinbar, davon bin ich überzeugt. Hier, wo wir uns gerade befinden, wurden Wohlstand und Respekt für die Umwelt hervorragend in Einklang gebracht. Dieses Gebäude hier (die *Università di Scienze gastronomiche* in Pollenzo, A.d.R.) besaß früher keine Innentoiletten, kein elektrisches Licht und nicht die sanitären Anlagen von heute … Es macht ja keinen Sinn, das alles abzureißen und …

MANCUSO: … wieder Hütten zu bauen.

PETRINI: Eben, es in eine Hütte oder irgendetwas anderes zu verwandeln. Nein, man kann alles umgestalten und weiterentwickeln, zu einer anderen Landschaft, einer anderen Architektur, wenn man nur die Umwelt sorgfältig und pfleglich behandelt. Und diese Diskussion müssen wir unbedingt führen, damit wir uns nicht in der nostalgischen Ecke wiederfinden: »Wie war die Welt früher doch so schön!« Schließlich wissen wir alle, dass die Pachtverhältnisse damals von Gewalt und Unterdrückung geprägt waren.

MANCUSO: Zweifellos.

PETRINI: Aber das rechtfertigt nicht die neue, manchmal arrogante Einstellung, die in Zusammenhang mit unserem Wohlstand auch jede Erinnerung an diese Menschen zerstört. Denn sie haben es verdient, dass wir und die Geschichte sie im Gedächtnis bewahren.

3

Lob der Langsamkeit

MANCUSO: Wie du dir wahrscheinlich vorstellen kannst, interessiert mich das Thema Langsamkeit als Pflanzenforscher ganz besonders. Die Pflanzen mit ihrem Verhalten werden ja allgemein darum wenig geachtet – und nicht als raffinierte Organismen mit eigenem Verhalten, Sozialleben und sogar Kommunikationssystemen wahrgenommen –, weil sie in anderen Zeiträumen agieren als wir. Sie sind normalerweise erheblich langsamer. Und heute gilt Schnelligkeit ja als entscheidender Faktor, als Wert an sich. Ich kann darin keinen Wert erkennen. Ich denke da eher an eine Episode aus *Star Trek:* Da landete das Raumschiff *Enterprise* auf einem Planeten, der von blitzschnellen Wesen bewohnt war. Sie bewegten sich dermaßen schnell, dass sie die Besatzung der *Enterprise* als bewegungslose und folglich anorganische Wesen wahrnahmen. Und weil sie nicht bemerkten, dass die Besatzung der *Enterprise* überhaupt handelte, hielten sie sie nicht für intelligent und wollten sie frohgemut zerstören. Eigentlich eine belanglose Geschichte; interessant daran aber ist, dass wir uns Pflanzen gegenüber genauso verhalten: Weil sie sich langsamer bewegen als wir, behandeln wir sie nicht mit der Achtung, die ihnen eigentlich zusteht. Schnelligkeit hat nichts mit Komplexität oder Wohlstand oder Intelligenz zu tun, sie hat mit gar nichts zu tun. Ein Kolibri, der achtzig Mal in der Sekunde mit den Flügeln schlägt, ist ja auch nicht komplexer als ein Mensch.

Sagen wir es so: Die Geschwindigkeit an sich ist einfach eine physikalische Größe, mit der wir die Ortsveränderung eines Körpers im Verhältnis zur Zeit messen, oder, noch mathematischer, die Ableitung des Ortsvektors in Abhängigkeit von der Zeit. Geschwindigkeit ist also per se keine positive oder negative Größe, sondern sagt uns nur, wie lange man benötigt, um etwas von hier nach dort zu bewegen. Sie ist kein absoluter Wert. Und hat nichts mit Schönheit zu tun, um das mal klarzustellen. Wenn wir Dinge schneller erledigen, heißt das ja auch nicht, dass wir sie besser erledigen. Im Gegenteil.

In der Welt der Pflanzen geht es immer um Langsamkeit und damit um Energieersparnis, an der wir uns ein Beispiel nehmen sollten. Pflanzen und Tiere verfolgen im Grunde dieselben Ziele: Nahrung zu finden, zu wachsen, sich zu vermehren und zu verteidigen. Doch um das zu erreichen, haben Pflanzen und Tiere häufig entgegengesetzte Wege gewählt. Fast scheint es, als verkörperten Pflanzen und Tiere unterschiedliche Weltanschauungen, unterschiedliche Lebensauffassungen oder zwei unterschiedliche Wege, um zu ähnlichen Ergebnissen zu kommen.

Bei den Tieren finden wir Zentralisierung, Schnelligkeit, Singularität, bei den Pflanzen Dezentralisierung, Langsamkeit und Repetitivität. Die Pflanzen kommen mit einer anderen Methode zum selben Ergebnis. Und wenn ich mir die Verbreitung der Pflanzen auf unserer Erde anschaue, möchte ich sagen, sie haben den erfolgreicheren Weg gewählt.

PETRINI: Ich stimme dir da hundertprozentig zu, gerade weil die Slow-Food-Bewegung und ihre Initiativen leider zu oft auf ein Lob der Langsamkeit als Wert an sich reduziert werden. Das ist eine falsche Vorstellung, die nicht der Realität entspricht. Fest steht, dass wir unseren Lebensrhythmus wieder so gestalten müssen, dass wir gesund und glücklich sind. Er muss nicht schnell oder langsam sein, der Rhythmus muss nur zu uns passen. Denn das ist eigentlich das einzige Privileg, das die Natur dem Menschen in seinem kurzen Leben – und es ist wirklich kurz – gewährt: Er kann seinen Lebensrhythmus selbst bestimmen. Das Privileg haben andere nicht. Aber klar, wenn man sich immer nur an derselben Front abmühen muss und es keinen Raum gibt, um innezuhalten, sich auszuruhen, soziale Beziehungen zu pflegen oder sich der Literatur, der Musik usw. zu widmen, dann sagt einem das alles natürlich nichts.

Wenn man das Konzept der Langsamkeit auf den Alltag anwendet, entfaltet das manchmal eine Wirkung wie eine homöopathische Arznei. Und mitunter müssen wir uns die Langsamkeit und auch den Müßiggang vielleicht nicht gerade aufzwingen, aber doch zurückerobern. Es gibt diese herrlich provokante These von dem Soziologen Domenico De Masi über den kreativen Müßiggang – und die Brasilianer, die darin die Weltmeister sind. Aber warum können die Brasilianer das und die Europäer nicht? Einen Grund dafür muss es doch geben! Es liegt daran, dass man für den kreativen Müßiggang eine innere Bereitschaft mitbringen muss. Und dass die Menschen und Völker sich auch darin unterscheiden.

Wenn ich höre, wie oft native Gesellschaften oder vom Glück weniger begünstigte Länder verurteilt werden, weil die Leute dort angeblich zu langsam seien, dann sage ich mir: Vielleicht liegen wir ja auch falsch, wer will das schon wissen. Es gibt ja heute Studien, die den Glücksindex von Bevölkerungen messen. Keine Ahnung, ob man den wirklich bestimmen kann, aber dazu misst man jedenfalls, wie bereitwillig die Menschen auf andere eingehen oder ihnen ein Lächeln schenken.

MANCUSO: Italien liegt bei solchen Rankings meistens ziemlich weit abgeschlagen …

PETRINI: Obwohl wir darin früher Spitze waren!

MANCUSO: Aber heute, glaube ich, hat Costa Rica den höchsten Glücksindex.

PETRINI: Man muss das Land nur mal bereisen, dann sieht man das … Ein weiterer wichtiger Faktor ist auch die Bereitschaft zur Solidarität. Sie setzt ebenfalls Langsamkeit voraus, weil man dafür zuhören muss. Nur wenn ich innehalte, kann ich zuhören, Dinge verstehen und darüber nachdenken. Dann nehme ich mein Umfeld und meinen Nächsten wirklich wahr. Manchmal verweigern wir anderen unsere Hilfe, nicht weil wir egoistisch sind, sondern weil wir gedankenlos vorbeigehen, ohne überhaupt etwas zu bemerken. Die alltägliche Hektik macht uns unaufmerksam und schmälert auch unsere Bereitschaft, etwas zu verändern oder Veränderungen zu akzeptieren: Die Hektik hindert uns daran, unsere Zukunft zu planen. Wir setzen unser Glück damit aufs Spiel. Klischees, starre Paradigmen, Gemeinplätze und längst überholte Rollenmodelle werden zu »der Wahrheit«, und die Schäden, die unsere tägliche Routine anrichtet, bemerken wir erst, wenn es beinahe zu spät ist. Aber ich glaube, es gibt noch Hoffnung: weil wir unser Leben entschleunigen können. Allerdings müssen wir uns dazu vielleicht etwas von anderen abgucken, von den »weniger »modernen« Gesellschaften etwa, für die Langsamkeit noch zum Leben gehört, weil man so offen für seine Umwelt und besonders seinen Nächsten ist.

MANCUSO: Die Solidarität ist und war das Privileg von vormodernen, langsameren Gesellschaften; aber im Grunde war sie lange Zeit ja auch für unsere Gesellschaft ein wichtiger Innovationsmotor: als Gemeinschaftssinn, als das, was früher der Bürgersinn war, der sich in Italien zuerst in der Toskana entwickelte. Ich lebe in Florenz. Und was der bürgerliche Solidaritätsgedanke bei uns hervorbrachte, wobei die Wurzeln ja oft bis ins Mittelalter zurückreichten, wurde dann vielfach zur Basis eines bürgerlichen Netzwerks, in dem sich der Einzelne als integrales, notwendiges Element eines Beziehungsgeflechts verstand.

Die zivilisatorischen Errungenschaften wie Solidarität, Anteilnahme und Bürgersinn sind heute scheinbar verschwunden. Fest steht aber: Wo es einen Sinn für Solidarität gibt, wo Langsamkeit nicht negativ besetzt und Schnelligkeit kein absoluter Wert ist, entstehen widerstandsfähigere Gesellschaften.

Doch kommen wir auf die Geschwindigkeit der Pflanzen zurück. Man darf sich Pflanzen nicht als statische, lethargische Wesen vorstellen, die nur mit grundlegenden Stoffwechselvorgängen beschäftigt sind. Im Gegenteil: Wenn es keinen Grund zur Eile gibt, erledigen sie ihre Aufgaben ruhig und effizient, aber wenn es drauf ankommt, können sie sich paradoxerweise viel schneller als Tiere verändern oder verwandeln. Man muss sich dazu nur einmal vorstellen, man müsste in einer Umgebung überleben, die sich ständig wandelt. Man wäre festgewurzelt, aber um einen herum würde sich alles verändern: Da sind Hitze, Kälte, Regen, Trockenheit. Die Überlebensstrategie der Pflanze kann da nur Veränderung sein. Pflanzliche Organismen sind, anders als man denkt, viel veränderungsbereiter als Tiere: weil sie wissen, dass sie nicht weglaufen können, wenn die Dinge schlecht laufen, und ihre einzige Überlebensmöglichkeit darin besteht, sich zu verändern. In gewissem Sinne ist auch das die Folge eines anderen Zeitmaßstabs. Tiere können weglaufen und mussten daher keine besonderen Anpassungsfähigkeiten entwickeln. Pflanzen aber haben sich über Hunderte von Jahrmillionen angepasst, um die Angriffe von Tieren, die Zumutungen ihrer Umwelt oder klimatische Härten zu überleben. Sie haben daher gelernt, ihren Körper bei veränderten Bedingungen schnell und effizient umzubauen.

Ich finde es faszinierend, dass Pflanzen trotz aller Fressfeinde überleben konnten, weil sie sich an die ständigen Umweltveränderungen angepasst haben. Ausgerechnet die Sesshaftigkeit, die Bodenhaftung, hat den größten Veränderungsdruck auf Lebewesen ausgeübt! Das könnte uns doch etwas sagen? Ich finde, hier zeigt sich wieder einmal, wie modern die Lösungen der Pflanzen sind: Ihre Lösungen sind energiesparend, nicht ausbeuterisch gegenüber dem Ökosystem und bei Widrigkeiten äußerst widerstandsfähig. Wir könnten uns daran ein Beispiel nehmen, um neue Gesellschaftsformen zu entwickeln.

4

Die Pflanzenwelt: ein gutes Paradigma

MANCUSO: Die Pflanzenwelt könnte uns heute – du hast ja vorhin die Paradigmen erwähnt – als ein hervorragendes, zeitgemäßes Modell dienen. Was die Menschheit bisher erschaffen hat, orientierte sich ja unweigerlich am Menschen selbst. Der Mensch ist zentralistisch organisiert, weil sein Gehirn alle anderen Organe steuert. Unser Körper ist hierarchisch aufgebaut, und das spiegelt sich in allem, was wir erschaffen: Unsere Gesellschaften sind hierarchisch; und auch unsere Vorrichtungen, die Geräte und Maschinen, die wir für unterschiedlichste Zwecke einsetzen, haben wir sozusagen nach unserem Ebenbild konstruiert: mit einer streng hierarchischen Beziehung zwischen der Befehlszentrale und allem anderen, was davon abhängt. Bei den Pflanzen finden wir nun bei genauem Hinschauen ein vollkommen anderes Organisationssystem. Obwohl sie zweifellos nicht weniger komplex sind als Tiere, haben sie einen anderen Weg eingeschlagen, und ihr Körper ist darum völlig anders gebaut. Pflanzliche Organismen bestehen aus mehrfach vorhandenen Modulen. Sie ähneln eher einem Insektenvolk als einem einzelnen Individuum. Anders gesagt: Pflanzen sind nicht zentralistisch organisiert. Alle ihre Funktionen sind großflächig verteilt und nicht einem Einzelorgan zugewiesen. Die Pflanze ist gewissermaßen das Ameisenvolk. Keine einzelne Ameise, das ganze Volk. Mit dem Vergleich kommt man der Bau- und Funktionsweise von Pflanzen am nächsten. Das Erkundungsverhalten der Wurzelstöcke, die im

Boden nach Nährstoffen suchen, beschreibt die Wissenschaft neuerdings sogar mit Modellen des Schwarmverhaltens, das sonst Insektenstaaten charakterisiert.

Der Pflanzenkörper besteht aus sich wiederholenden Grundmodulen; er ist redundant gebaut, würde man heute sagen, mit mehrfach identischen Bauelementen, die interagieren und unter bestimmten Bedingungen allein und autonom überleben können. Pflanzen besitzen zudem keine lebenswichtigen Einzelorgane. Eine weise Entscheidung, wenn man bedenkt, dass Pflanzen ständig von Fressfeinden angegriffen werden und somit einen Körper besitzen, der das überlebt.

Bei Pflanzen sind Intelligenz und Steuerung also breit gestreut, mehrfach angelegt und stark verästelt: Die einzelnen Module können sich selbst steuern. Das meinte ich vorhin auch, als ich sagte, deine Organisation – mit den zahlreichen kleinen, autonomen *Presidi* oder Förderkreisen, die auf ein gemeinsames Ziel hinarbeiten – habe viel von einer Pflanze.

Und das erinnert mich daran, dass ich in Indien einmal ein Fresko mit einer Darstellung der indischen Kastengesellschaft gesehen habe. Das Fresko zeigte einen menschlichen Körper: Die obere Kaste, die Brahmanen, waren der Kopf, die Soldaten die Arme, die Händler die Beine, die Bauern und gewöhnlichen Städter der Bauch und die Unberührbaren schließlich die Füße. Heutzutage wären die Pflanzen ein viel interessanteres Vorbild für uns. Und nicht nur irgendeins: Sie sind nämlich nicht nur anders gebaut als wir, sondern haben es auch geschafft, dass so gut wie alles Leben auf der Erde pflanzlich ist. Die Pflanzen sind dezentral gebaut, und wenn der Mensch ein dezentrales Gebilde entwickeln musste, wie eine komplexe, klug strukturierte Organisation, dann hat er sich unbewusst schon immer an der Pflanzenwelt orientiert.

Denk bloß mal an das Internet. Das riesige, globale Netz entstand in den 70er-Jahren zunächst als Datenübermittlungssystem für die amerikanischen Militärstützpunkte und hieß damals *Arpanet*. Es sollte robust sein und auch dann noch überlebensfähig, wenn große Netzteile verloren gingen. Vor *Arpanet* hing die Kommunikation zwischen den militärischen, aber auch zivilen Standorten der US-Verteidigung von einer Kommandozentrale ab, die alle Informationen weiterleitete. So wie unser Gehirn. Damit fehlte dem System aber die Robustheit und Widerstandsfähigkeit, die ein militärisches Netzwerk braucht. Ein einziger gezielter Angriff auf die Kommandozentrale, und mit der Verteidigungsfähigkeit der USA wäre es vorbei gewesen. Also schuf man ein dezentrales System ohne Kommandozentrale, das sich dann weltweit verbreitete und schließlich zu unserem Internet wurde.

Kommandozentralen haben unweigerlich eine strukturelle Schwäche. Der Mensch ist stolz auf seinen klug gebauten Körper, aber was die Widerstandsfähigkeit angeht, ist wohl klar, dass ihm grundlegende Sicherheitsvorkehrungen fehlen. Und dass Kommandozentralen zwangsläufig ein Schwachpunkt sind, ist auch keine neue Erkenntnis. Als eine der Ersten haben das schon Karl Marx und Friedrich Engels erkannt, als sie schrieben: »Alles Ständische und Stehende verdampft ...« Und wenn ich mich recht erinnere, war dieser Satz aus dem *Manifest der Kommunistischen Partei* – der sich auf die Sprengkraft des Gesellschaft, Wirtschaft, Klassen und Hierarchien mit sich fortreißenden Kapitalismus bezieht – auch der Titel des interessanten Buchs von Marshall Berman über die Erfahrungen der Moderne, »All that is solid melts into air«. Aber was heißt das nun? Um nur ein Beispiel zu nennen: dass der zentral gelenkte Staat als Verkörperung der Moderne früher oder später zusammenbrechen muss ... dass alle zentralistischen und hierarchischen Organisationen, die wir ja für besonders stark und unverrückbar halten, in Wahrheit äußerst fragil sind. Wenn wir eine widerstandsfähige Gesellschaft und eine sichere Zukunft haben wollen, sollten wir uns darum besser die Bau- und Funktionsweise der Pflanzen zum Vorbild nehmen.

PETRINI: Diese Sichtweise finde ich hochinteressant. Als ich beispielsweise in meinem Buch *Cibo e libertà. Slow Food: storie di gastronomia per la liberazione** die Strukturen von Terra Madre, aber auch von Slow Food beschrieb, hatte ich wirklich im Hinterkopf, dass die Zeit der Verbände mit starren Organisationsformen ein für alle Mal vorbei sei. Ich meine, es ist der Anfang vom Ende, wenn eine Bewegung anfängt, sich nach Regeln zu organisieren, die dem menschlichen Körper ähneln. Dann löst sich ihr idealistisches und visionäres Potenzial auf, und sie verliert ihre Fähigkeit, sich die Zukunft neu und vorbehaltlos vorzustellen. Wenn wir aber umgekehrt die Kreativität aller in den Regionen entwickeln – und dabei von einem gemeinsamen inneren Drang ausgehen, der nicht religiös ist, vielmehr dem Drang, den wir momentan alle spüren –, dann haben wir eine neue, eine lebendigere Realität, die nicht verknöchert ist, sondern wächst und sich weiterentwickelt. Darum stelle ich mir unsere Bewegung gern als einen Wald vor und nicht als Pflanze. Eine einzelne Pflanze trägt irgendwann, wenn ihre inneren Abläufe nicht mehr richtig funktionieren, nur noch wenige Früchte und altert. Wenn aber aus dieser Pflanze weitere hervorgehen, dann können die neuen Pflanzen vielleicht sogar noch kreativer werden als die ursprüngliche Pflanze.

So denken wir, und viele haben uns darum schon schief an-

* 2013 – *Essen und Freiheit. Slow Food: Geschichten einer Gastronomie der Freiheit*, bisher nicht auf Deutsch (A.d.Übers.)

geguckt oder tun das immer noch, aber ich bin von unserem Konzept felsenfest überzeugt. Und habe es mit zwei wichtigen Begriffen theoretisch untermauert: der affektiven Intelligenz und der strengen Anarchie. Manchmal werde ich gefragt: Was ist Terra Madre überhaupt? Terra Madre ist für mich das, was ich sehe, wenn sich alle Lebensmittelbündnisse aus allen Ländern alle zwei Jahre in Turin treffen. Im Netzwerk Terra Madre leben verschiedene Sprachen, Gedankenwelten und Bedürfnisse nebeneinander, aber wir alle sind getragen von einer Intelligenz des Herzens, dem Gefühl, Teil von etwas zu sein, das der französische Philosoph Edgar Morin »Schicksalsgemeinschaft« nennen würde. Wir haben ein starkes Gemeinschaftsgefühl, ein gemeinsames Schicksal, weil wir alle Bewohner der Erde – Terra – sind, und darum fühlen wir uns nah, wie Brüder und Schwestern, und wollen, trotz aller Verschiedenheiten, gemeinsam etwas bewegen. Uns verbindet ein Gefühl, ein gegenseitiges Wohlwollen, aber auch eine Form von Intelligenz, eine Intelligenz, die sich von der sogenannten Vernunft unterscheidet, die unsere Welt heute mit ihrem Nützlichkeits- und Spezialistendenken bestimmt und von einer ganzheitlichen Vorstellung vom Leben und menschlichen Handeln weit entfernt ist: ein alternatives, aber gemeinschaftliches Denken, das ich affektive Intelligenz nenne. Den zweiten Grundpfeiler von Terra Madre und unserer Bewegung im Allgemeinen habe ich strenge Anarchie genannt: Damit meine ich, dass sich unsere Bewegung nicht in klassischen hierarchischen Strukturen verlieren darf, sich also kein ideologisches Mäntelchen umhängen oder sich an bekannten Organisationsstrukturen, etwa von Parteien, Gewerkschaften, Vereinen oder Verbänden, orientieren darf. Allerdings ist Slow Food auch ein Verein und darum nicht das richtige Führungsmodell: Wenn wir Terra Madre mit ihren unterschiedlichen Mitgliedern, die »fließend« verbunden sind, »führen« wollten, wäre das der Anfang vom Ende, dann würden wir die Flügel der Kreativität beschneiden. Darum die strenge Anarchie, ein Geist, in dem sich jeder in seinem Umfeld so bewegt, wie es ihm am besten erscheint, sich aber dabei stets seiner Grenzen bewusst bleibt. Das hat viel mit Vertrauen zu tun, nicht nur mit Vertrauen in andere Menschen, sondern auch mit Vertrauen auf das richtige Gespür oder den richtigen Sinn für lokale Anpassung, die die Bündnisse tagtäglich vornehmen müssen. Mit unserem Sinn für Anpassung scheinen wir der Pflanzenwelt sehr ähnlich …

MANCUSO: Das ähnelt der Pflanzenwelt sehr, und genauso sollten wir die Pflanzenwelt betrachten, wenn wir uns davon inspirieren lassen – und daraus ein Modell entwickeln wollen, allerdings nicht in dogmatischem Sinn. Und interessant finde ich auch, dass die affektive Intelligenz, wie du sie für die globale Gemeinschaft von Terra Madre beschreibst – also eine Art gemeinsames Streben, von dem alle Mitglieder getragen sind –, stark dem ähnelt, was bei Pflanzen passiert. Eine Pflanze besteht eigentlich aus zahllosen Modulen. Nehmen wir den Wurzelstock: ein riesiges, sehr komplexes Organ, bei dem jede Wurzel ihr Wachstum selber steuert. Ich weiß, ich wiederhole mich, aber eine Pflanze ähnelt einem Insektenvolk: Jedes Modul ist autonom, aber alle gemeinsam bilden einen Superorganismus. Ein sehr zeitgemäßes Modell.

Unter diesem Gesichtspunkt scheinen mir Pflanzen viel moderner als Tiere. Sie sind eigentlich die lebende Verkörperung einer Liquid Democracy, einer »flüssigen Demokratie«. Streng genommen, dürfte man sie ja nicht mal als Individuen betrachten. Individuum – vom Lateinischen *individuus,* das sich aus *in*, nicht, und *dividuus*, geteilt, zusammensetzt – bedeutet nämlich wörtlich »unteilbar«. Tiere sind von wenigen Ausnahmen abgesehen wirklich unteilbar – wenn man sie teilt, sterben sie –, aber Pflanzen sind hervorragend teilbar, so hervorragend, dass man sie sogar durch Teilung vermehren kann. Pflanzliche Organismen könnte man darum als Modulbauten bezeichnen. Ihre Bauweise ist in gewissem Sinne eine Quintessenz der Moderne: mit einer modularen, kooperativen, dezentralen Architektur ohne Steuerungszentrale, die selbst wiederholte ruinöse Angriffe übersteht, ohne ihre Funktionstüchtigkeit einzubüßen. Eigentlich der Traum jedes Ingenieurs.

PETRINI: Ohne Affekte kann das nicht funktionieren …

MANCUSO: Ohne Affekte, ohne eine gewisse Affinität funktioniert gar nichts. Und auch die »strenge Anarchie«, wie du es nennst, gehört zu den Vorzügen des modularen Pflanzenmodells. Die pflanzlichen Organisationsformen basieren auf hoch entwickelten, komplexen Systemen, die unendlich viele Möglichkeiten gleichzeitig prüfen können und autonom und ohne Einfluss von außen das tugendhafteste Verhalten belohnen. Tugendhaft ist vielleicht nicht der richtige Ausdruck …

PETRINI: Das konstruktivste Verhalten …

MANCUSO: Ja, oder vielleicht das wirkungsvollste in organisatorischer Hinsicht. Ohne dass irgendjemand etwas vorschreibt. Viele Organisationsformen in der Pflanzenwelt können neue Ideen erheblich wirkungsvoller und schneller entwickeln und hervorbringen als zentralistische Organisationen wie der menschliche Körper.

PETRINI: Auf jeden Fall. Ich erlebe in unserer Bewegung momentan beide Organisationsformen: den internationalen Verein mit einer Föderation aus nationalen Vereinen, die derzeit verstärkt Strukturen ausbilden, weil sie wachsen und befürchten, das komplexe Gebilde sonst nicht mehr steuern zu können.

Und dann eine Bewegung wie Terra Madre, die durch affektive Intelligenz und strenge Anarchie gekennzeichnet ist. Manchmal gehen die Vereine in Terra Madre auf, manchmal bleibt Terra Madre außen vor, und manchmal tritt Terra Madre den Vereinen bei. In einigen Fällen gibt es dabei strukturelle Spannungen, in anderen dagegen einen überraschenden Schub. Man muss sich weiterentwickeln, und ich hoffe, dass die klassische Organisationsform bei uns nicht die Oberhand gewinnt, weil das, wie ich meine, heute nicht mehr funktioniert. Nicht mehr in unserer Welt, die so komplex geworden ist. Es sei denn, mit einer Hyperstruktur, die vor Bürokratie erstarrt und jede idealistische oder kreative Regung unweigerlich erstickt. Die Natur und das Netzwerk von Terra Madre ermöglichen einen ständigen Austausch: wie eine Art Ursuppe, aus der dann Ideen, Begeisterung, Mobilisierung und wahres kollektives Wachstum entstehen können. Das ist das Schöne daran, darin besteht der große Wert dieser Organisationsform. Dass ununterbrochen Ressourcen und Energien frei werden und wir so eine wesentlich stärkere regionale Auslegung haben, als das bei einer starren Struktur möglich wäre; damit meine ich diesen Geist der lokalen Anpassung, den ich eben schon erwähnt habe und der auf Überlegungen des großartigen, schon zitierten Wendell Berry zurückgeht und auf seine Ausführungen zum Potenzial von lokalen Gemeinschaften. Es ist dieselbe hervorragende Anpassungsfähigkeit, die auch die wachsenden Pflanzen besitzen.

MANCUSO: Genau, weißt du, das ist wirklich unglaublich. Ich komme hier noch mal auf den Wurzelstock zurück. Du ahnst nicht, wie viele Informationen eine einzelne Wurzel sammeln kann. Unglaublich viele! Eine einzelne Wurzelspitze kann schätzungsweise mindestens zwanzig physikalische und chemische Parameter aufspüren. Unter anderem das Konzentrationsgefälle vieler Mineralsalze, elektrische und magnetische Felder, Wasservorkommen, Temperatur, Sauerstoff usw. Der Wurzelstock ist für eine Pflanze eine ständige Informationsquelle, die ihr alles über ihre Umgebung verrät.

PETRINI: Über den Boden!

MANCUSO: Über den Boden, den der Wurzelstock erkundet. Denn keiner kennt den Boden besser als die einzelne Wurzelspitze. Der Wurzelstock hatte fünfhundert Millionen Jahre Zeit, um sich evolutionär auf dieses Ziel hinzuentwickeln. Um eine für die Bodenerkundung optimale Form anzunehmen. Wenn wir nach Lösungen suchen, die das menschliche Leben auf unserem Planeten verbessern, nach Ideen für neue Technologien und Geräte, dann sollten wir in die Natur schauen. Und gewissermaßen hat das der Mensch auch schon immer gemacht. Wir haben uns bei unseren Flugmaschinen von den Flugtechniken der Vögel inspirieren lassen oder bei der Entwicklung der U-Boote von Fischen. Und wenn wir in der Natur nach einem Modell suchen, das den Boden bestens kennt, das flexibel ist und ohne zentrale Steuerung auskommt, dann drängen sich die Pflanzen wahrlich auf.

PETRINI: Und hier begegnen wir wieder dem Faktor Zeit.

MANCUSO: Der Faktor Zeit, genau. Der ist grundlegend, wie wir schon gesagt haben. Zeit ist für Pflanzen ein vollkommen relativer Faktor. Erinnern wir uns daran, dass pflanzliche und tierische Organismen unterschiedliche Wege gegangen sind. Die Pflanzen haben vielfach genau den entgegengesetzten Weg eingeschlagen wie die Tiere. Wie bei einem Negativ: Was bei den Tieren weiß ist, ist bei den Pflanzen schwarz und umgekehrt. Tiere sind schnell, Pflanzen langsam. Tiere sind mobil, Pflanzen sesshaft. Tiere sind heterotroph, Pflanzen autotroph. Tiere produzieren CO_2, Pflanzen binden CO_2, und hier könnte man noch vieles nennen. Die Liste der anatomisch-physiologischen Gegensätze zwischen Pflanzen und Tieren ließe sich beliebig fortführen – bis hin zu dem Gegensatz, den ich für absolut entscheidend halte, den sich aber kaum jemand je bewusst macht: der Gegensatz zwischen breiter Streuung und Konzentration. Zusammenfassend könnte man vielleicht sagen: Während bei Tieren alle Funktionen in bestimmten spezialisierten Organen konzentriert sind, sind diese bei Pflanzen im ganzen Körper verteilt. Und dieser Unterschied ist so grundsätzlich, dass man seine Folgen auf Anhieb gar nicht begreifen kann. Doch damit verändert sich alles.

PETRINI: Wir müssen also die Leistungsfähigkeit dieser Organismen nach einem Zeitmaßstab beurteilen, der erheblich größer ist als der, unter dem wir normalerweise die Leistungsfähigkeit und Stärke von Organisationsformen betrachten. Vielleicht sind die Religionen auch darum so mächtig, weil Zeit für sie keine Rolle spielt. Im Gegenteil, sie blicken nur nach vorn, und wenn ihnen irgendwann – dank ihrer Wurzeln – auffällt, dass sie sich verändern müssen, dann verändern sie sich.

MANCUSO: Aber das Problem liegt eigentlich darin, dass starre Organisationsformen anfällig sind und nicht dafür gemacht, zu überdauern. Pflanzen dagegen sind durch ihre Bauweise auf Dauer angelegt. Obwohl sie von tierischen Räubern heimgesucht werden, überleben sie, wehren sich und wachsen. Wären sie wie Tiere gebaut, wären sie schon längst vom Antlitz der Erde verschwunden. Aber sie besitzen einen grundlegend anderen Körperbau als Tiere. Weil sich der pflanzliche Körperbau evolutionär so entwickelt hat, dass Pflanzen dort überdauern, wo sie einmal Wurzeln schlagen, sind sie für uns vollkommen fremdartige Wesen.

Versuch dir bloß mal vorzustellen, du müsstest in einer feindlichen Umwelt überleben, ohne abhauen zu können. Stell dir nur einen Moment lang vor, du wärst eine Pflanze, die sich nicht vom Fleck rühren kann, und du würdest von Insekten, Pflanzenfressern, von Räubern aller Art belagert, die alle nur eines wollen, dich fressen. Dann gibt es nur eine Möglichkeit, zu überleben: ein vollkommen anderer Körperbau als der der Tiere. Eben ein pflanzlicher Körperbau.

Um sich vor Fressfeinden zu schützen, haben Pflanzen einen einzigartigen, ungewöhnlichen Weg eingeschlagen, und ihre Lösungen unterscheiden sich so stark von denen der Tiere, dass sie eigentlich nur noch wenig mit uns zu tun haben. Pflanzen sind so anders, dass sie eigentlich genauso gut Wesen von einem fremden Stern sein könnten.

5

Nachhaltigkeit: Gebrauch und Missbrauch eines Begriffs

PETRINI: Ich würde gern noch einmal auf ein bestimmtes ganzheitliches Konzept von Nahrung zurückkommen. Unsere Nahrung wird heute quasi als Lackmustest für eine gesunde Lebensführung betrachtet. Doch das hat zu Verwerfungen geführt, durch die wir heute auf unserem Planeten zwei getrennte Welten haben: In der einen Welt werden nicht alle Menschen satt, und in der anderen sind sie die Sklaven ihrer eigenen Ernährungsvorstellungen. Ich konstatiere heute mit Genugtuung, dass die anfänglichen Schlagworte unserer Bewegung – gut, sauber und fair – heute überall Eingang gefunden haben: »Good, clean and fair« steht auf dem Schild einer Schule in Kenia, aber auch auf Plakaten US-amerikanischer Bauernmärkte, und »Bueno, limpio y justo« ist der Slogan der lateinamerikanischen Lebensmittelbündnisse. Allerdings gibt es auch Leute, die ihr Fähnchen gern nach dem Wind hängen und aus einem allgemeinen Gefühl – dem Gefühl, dass wir gute Praktiken brauchen, dass wir alle Menschen mit Nahrungsmitteln versorgen müssen und es in der Agrar- und Nahrungsmittelindustrie mehr soziale Gerechtigkeit geben muss – nur Profit schlagen wollen und darum auf alles das Etikett »Nachhaltigkeit« kleben. In den Zeitungen wimmelt es weltweit vor ganzseitigen Anzeigen von Unternehmen, die uns die geeignetsten, praktischsten Mittel für eine »bewusste« und »verantwortungsvolle« Landwirtschaft versprechen und uns mit ihrer Werbebotschaft weismachen wollen, dass ihre Produkte den Qualitätsanforderungen einer weltweit wachsenden Bevölkerungsgruppe gerecht würden …

MANCUSO: Das Wort »Nachhaltigkeit« verwendet heute jeder, weil es inzwischen in den allgemeinen Wortschatz eingegangen ist … Was nicht »nachhaltig« ist, hält man heute geradewegs für schädlich und künstlich …

PETRINI: Das ist einer der typischen Fälle, wo ein Wort durch seine missbräuchliche Verwendung verwässert wird.

MANCUSO: Genau, das ist auch ein Problem, dass heute jedes neue Konzept unweigerlich und rasend schnell ausgehöhlt wird. Als würde die Wegwerfmentalität nicht nur die materiellen Güter betreffen, sondern auch die Ideen. Die Schubkraft neuer Ideen ist dann in kürzester Zeit verbraucht. Der Prozess verläuft in der Regel blitzschnell und umfasst normalerweise: a) die Verkündung der Idee, b) ihre umgehende Banalisierung, um sie durch einfache, eingängige Slogans ohne jede Relevanz schneller bekannt zu machen, was schließlich c) zum vollständigen Inhaltsverlust der ursprünglichen Idee führt, die nun ein Massenphänomen und damit endgültig degradiert ist. An die Stelle von richtig und falsch sind mittlerweile aktuell und gestrig getreten.

PETRINI: Und vor allem fassen wir in Italien den Begriff »Nachhaltigkeit« auch nicht richtig auf. Wie schon angedeutet, leitet sich das Wort von englisch »sustainer« ab, dem Klavierpedal, mit dem der Ton verlängert wird …

MANCUSO: Also erhalten bleibt. Man sollte vielleicht besser »Erhaltbarkeit« sagen.

PETRINI: Im kollektiven Bewusstsein der Italiener ist die Nachhaltigkeit etwas, was sozusagen erst hergestellt werden muss. Die Werbung der Industrie verwendet das Axiom Nachhaltigkeit/bewusste Landwirtschaft in irreführender Weise, um Pestizideinsätze zu rechtfertigen. Wenn man charakteristische Elemente eines Konzepts herausgreift und sie nur zu seinem eigenen Vorteil umdeutet, dann ist das problematisch.

Vor einigen Tagen sah ich eine Fernsehdebatte, in der der Geschäftsführer von McDonald's behauptete, die Produkte seines Unternehmens könne sich jeder leisten, während man für von Slow Food geförderte Produkte ja achtzig, hundert Euro zahlen müsse. Und ich fand es sehr schade, dass ein bekannter Koch dazu nur bedauernd mit den Schultern zuckte …

MANCUSO: Er wusste offenbar nicht, was er sagen sollte. Wahrscheinlich war ihm nicht klar, dass McDonald's einen Hamburger nur darum für drei Euro verkaufen kann, weil wir, die Bewohner dieses Planeten, indirekt für die restlichen zehn Euro Produktionskosten aufkommen.

PETRINI: Genau!

MANCUSO: Es kommt auf die Gesamtumweltbilanz an, auf alle Umweltfolgen des Nahrungsmittelkonsums und nicht nur auf den Profit von McDonald's!

PETRINI: Wir wenden ja das System der Industrie an, ihre Vorstellung von Wirtschaft. Die Industrie berücksichtigt aber nicht die sogenannten negativen externen Effekte, die sie dann uns aufbürdet und für die wir alle zahlen müssen. Auch all jene, die vor Hunger sterben, nicht nur die oberen Zehntausend. Die Unternehmen der Agrar- und Nahrungsmittelindustrie gehen dabei sehr raffiniert vor: Sie nehmen die moralischen Aspekte einer Botschaft, verleiben sie sich quasi ein und stellen sich dann als Wohltäter der Menschheit dar. Wir müssen ihre Botschaften erst entschlüsseln und hinterfragen: Was tut das Unternehmen? Was produziert es wirklich? Pestizide? Weiß das Unternehmen überhaupt, was es bedeutet, die Erntemenge mithilfe von Pestiziden zu steigern? Was es bedeutet, die

Fruchtbarkeit eines Bodens mittel- und langfristig aufs Spiel zu setzen? Leider haben wir nur wenige Argumente zur Verfügung, die so schlicht und einprägsam sind wie die Slogans der ganzseitigen Zeitungsanzeigen.

Momentan bereiten wir *Terra Madre Giovani* vor, ein Treffen von Abertausenden junger Bauern und Fischer aus hundertsiebzig Ländern, die im Oktober zur Expo nach Mailand kommen. Unser globales Netzwerk trifft sich dort auch, um bestimmte Werbekampagnen zu demaskieren. Da gab es eine Kampagne von McDonald's, mit der das Unternehmen sein Sponsoring der Expo 2015 beworben hat: Darin behauptet ein Bauer, McDonald's unterstütze die Beschäftigten und die Landwirte unter vierzig Jahren … Mit der Kampagne stellte sich McDonald's als Schutzpatron der jungen Bauern dar. Und sieh mal an, das sind genau die Bauern, die zum Treffen von *Terra Madre Giovani* kommen! Wenn man sich die Kampagne dann näher anschaut, erfährt man, dass nur genau zwanzig der vielen Bauern – zwanzig! – Lieferanten von McDonald's werden können, und wer weiß, was für eine Landwirtschaft sie dann betreiben …

MANCUSO: Ja, das ist ein Musterbeispiel für eine Werbebotschaft, die sehr leicht misszuverstehen ist.

PETRINI: Wenn man bedenkt, dass die Werbekampagne erheblich mehr gekostet hat als alles, was McDonald's den zwanzig Bauern zusichert, dann muss ich sagen, dass eigentlich jeder vernünftige Mensch die Kampagne sofort als Werbefalle durchschauen müsste – sofern er sich näher damit beschäftigt. Und unser Landwirtschaftsministerium ist unnötigerweise noch als Schutzherr der Kampagne aufgetreten.

Was ich damit sagen will: Wir müssen solche Werbekampagnen sehr bewusst entschlüsseln. Denn viele Marken der

Agrar- und Nahrungsmittelindustrie entfalten mit ihrem Diskurs noch immer eine große Wirkung, weil sie äußerst geschickt eingängige Beschwörungsformeln nutzen und dabei auch nicht vor ehrenwerten Begriffen wie Nachhaltigkeit zurückscheuen, um den Konsum ihrer Produkte anzukurbeln. Doch so ist die Welt nun einmal, und das gab es schon immer. Würden wir an dieser Stelle einen historischen Exkurs machen, fänden wir vermutlich viele Leute, die sich als Wohltäter aufgespielt haben, aber es nicht ehrlich meinten, oder? Das ist doch nichts Neues.

MANCUSO: Auch wenn es wohl schon immer so war, hat sich die Lage heute zugespitzt. Bildung hatte immer auch die Aufgabe, die persönliche Urteilskraft zu stärken. Die eigentliche Revolution besteht darum darin, die Leute aufzuklären. Ich sehe keinen anderen Weg, um zu begreifen, welche Botschaften echt sind und was sie besagen und welche bloß Werbetricks sind. Das Marketing verwendet Begriffe, die heute Allgemeingut sind, und verdreht sie, um seinen Blödsinn zu verbreiten. Die Kampagne von McDonald's ist dafür nur ein Beispiel. Die Nachhaltigkeit eines Hamburgers, um dabei zu bleiben, ist schwer zu beziffern. Aber wenn wir alle Ressourcen nehmen, die McDonald's für seine Burger verbraucht, uns also fragen, wie viele und welche Ressourcen, die ja eigentlich uns und allen nach uns gehören, verschwinden, damit McDonald's Gewinne machen kann, dann kostet ein Hamburger nicht, wie uns die Werbung weismachen will, nur drei Euro und Punkt, sondern kommt uns in Wahrheit viel, viel teurer zu stehen, weil seine Umweltkosten ja nirgendwo verbucht werden.

Doch kehren wir zu dem zurück, was wir vorhin gesagt haben: Mittlerweile treten die Grenzen unseres Wirtschaftssystems deutlich zutage. Wir können unser Wirtschaftswachstum nicht mehr guten Gewissens auf zügellosen Konsum stützen und dabei wertvolle und knappe Ressourcen verschwenden. Wir müssten uns von den Unternehmen, die für ihre Gewinne unser aller Ressourcen verbrauchen, die Kosten dafür durch eine zielgerichtete Steuerpolitik zurückholen und diese Beträge dann in die Erforschung alternativer Produktionstechniken und -verfahren investieren.

PETRINI: Warum hat McDonald's nicht wirklich auf den Dokumentarfilm reagiert, der gezeigt hat, dass das Unternehmen seine Beschäftigten ausbeutet – der Film verknüpft Geschichten von Arbeitern in den Rinderschlachtbetrieben –, mit seiner Werbung besonders Kinder zum Verzehr seiner Produkte animiert und bei der Verarbeitung tierischer Bestandteile gesundheitsschädliche Verfahren anwendet? Der Film *Fast Food Nation* (2006) wirft dem Unternehmen vor, für die schlechte Ernährung der Amerikaner verantwortlich zu sein und deren Gesundheit zu schädigen.

MANCUSO: Nicht nur das. Abgesehen davon, dass man so ein Essen eigentlich als »Müll« bezeichnen müsste: Was kostet die Herstellung uns wirklich?

PETRINI: Bei den massiven Vorwürfen hätte man doch annehmen sollen, dass McDonald's entsprechend reagiert und mit aller Macht versucht, sie zu widerlegen. Aber das blieb aus. Das Unternehmen musste nämlich feststellen, dass der Film akribisch recherchiert und wissenschaftlich fundiert war. Wie viel kostet die Gesundheit also? Welchen Preis hat sie unter diesem Gesichtspunkt? In den USA gibt es mittlerweile eine langsam, aber stetig wachsende Bewegung, die die Menschen für diese Themen sensibilisieren möchte. Wir konnten uns, dank Terra Madre, sofort da einklinken, bei Veranstaltungen etwa und auch organisatorisch, weil einige »Zweige« der Bewegung sofort in unserem Netzwerk mitgemacht haben. Und eins ist wirklich interessant zu beobachten: Wenn ein eigentlich nicht positiver Trend in einer Gesellschaft sehr stark und mächtig wird, wie etwa das US-amerikanische Fast-Food-System, dann bilden sich nach einer Weile, quasi auf natürlichem Wege, eine Art gesellschaftliche Antikörper: eine Gegenbewegung, die von der gesellschaftlichen Basis ausgeht und sich zunehmend organisiert. Die *organic*- oder Biobewegung in den USA war fast noch ein Ausläufer der Hippie-Bewegung der 1960er-Jahre, ist dann aber gigantisch gewachsen und heute sehr einflussreich und vielfältig. Sogar Michelle Obama hat Gemüsegärten im Weißen Haus angelegt.

MANCUSO: Das ist eine sehr starke, wachsende Bewegung, die zwei Hauptziele verfolgt: die Öffentlichkeit über die wahren gesellschaftlichen Kosten der industriellen Lebensmittelproduktion zu informieren und das Bewusstsein für traditionelle Verfahren in der Nahrungsmittelproduktion neu zu wecken. »Iss nichts, was deine Großmutter nicht als Essen erkannt hätte«, so lautet einer ihrer Slogans.

PETRINI: Das alles könnte man auch auf ein weitverbreitetes Getränk anwenden, das wir hier nicht namentlich nennen wollen …

MANCUSO: Und wie wirken sich solche Getränke auf unser Gesundheitswesen aus? Wir dürfen den Wert des menschlichen Lebens natürlich nicht nur unter wirtschaftlichen Gesichtspunkten sehen, aber wie viel kostet die Behandlung all jener Menschen, die durch eine für Menschen ungeeignete Ernährung fettleibig werden und schon im Kindesalter erhöhte Cholesterin- und Triglyceridwerte aufweisen? Wer kommt für die Kosten auf? Woher kommt das Geld dafür? Auch das sind versteckte Kosten. Gesellschaftliche Kosten, für die wir alle zahlen müssen und die wir eigentlich den Unternehmen in Rechnung stellen müssten. Belasten wir mal die Fast-Food-Industrie mit all den Kosten, die wir jetzt tragen, und reden wir dann darüber, wie viel ein Burger kosten müsste.

PETRINI: Und viele Eltern sind auch schlecht informiert und sagen ihren Kindern einfach, weil sie nicht lange über das Essen diskutieren wollen: Geh und kauf dir einen Burger. Inzwischen richten Fast-Food-Ketten sogar Kindergeburtstage aus.

MANCUSO: Ja, das scheint für die Kinder eine besondere Attraktion zu sein. Selbst in Italien mit seiner jahrtausendealten ausgesuchten Esskultur höre ich immer öfter, dass Eltern ihren Kindern zum Geburtstag, zu einem besonderen Ereignis oder für gute Schulnoten eine Feier im Fast-Food-Restaurant spendieren.

PETRINI: Das ist beängstigend, liegt aber auch am Unvermögen der gestrengen Herrschaften, die problemlos in teure Restaurants gehen, für ihre Enkel aber das Recht einfordern, im Fast-Food-Restaurant zu essen. Meiner Meinung nach tut das weder Großeltern noch Enkeln gut.

MANCUSO: Beide haben ein Problem.

PETRINI: Genau. Alle beide.

6

Biologische Vielfalt: die wahre Ökologie des Lebens

MANCUSO: Lassen wir den Fast-Food-Müll, und schauen wir uns unsere Ernährungsgewohnheiten einmal genauer an. Dann muss uns eins besonders beunruhigen: dass unsere heutigen Ernährungsgewohnheiten die biologische Vielfalt tendenziell bedrohen. Wir wissen mittlerweile, dass – das ist Pi mal Daumen, aber die Zahlen stimmen im Groben –, dass heute fünfundneunzig Prozent des weltweiten Kalorienbedarfs von nur ungefähr dreißig Pflanzenarten gedeckt werden, obwohl es in der Natur Zehntausende – bislang erforschte – genießbare Arten gibt. Und sechzig Prozent der verbrauchten Kalorien nehmen wir allein über Weizen, Reis und Mais zu uns. Sechzig Prozent des weltweiten Kalorienbedarfs werden von nur drei Pflanzen gedeckt. Nur drei. Unfassbar. Umso mehr, wenn wir uns klarmachen, dass diese Zahl kontinuierlich gesunken ist. In früheren Jahrhunderten wurden erheblich mehr Pflanzenarten verzehrt, obwohl weniger Pflanzenarten verfügbar waren. Die meisten exotischen Pflanzen waren in Europa beispielsweise noch gar nicht angekommen, die brachte erst der Kolonialismus mit. Und wenn wir noch weiter zurückgehen, dienten sogar noch mehr Pflanzenarten als Nahrungsmittel. Im Neolithikum etwa verzehrte man, nach unseren Maßstäben, ungewöhnlich viele Pflanzenarten. Eins der wenigen Völker, die bis heute Jäger und Sammler sind, die Kung San in der Kalahari, sammeln und verzehren regelmäßig mindestens achtzig verschiedene Pflanzenarten. Und verwenden noch weitaus mehr als Heilpflanzen.

Die biologische Vielfalt der Pflanzen, von denen wir uns ernähren, nimmt also ständig ab. Aber was bedeutet das in der Praxis? Es bedeutet vor allem, dass wir uns einem unnötigen Risiko aussetzen – das in der neueren Geschichte der Menschheit bereits zu Katastrophen geführt hat. Denken wir etwa an das, was der Falsche Mehltau zwischen 1845 und 1849 in Irland angerichtet hat. Die Iren vertrauten bei der Ernährung auf eine einzige Pflanzenart: die Kartoffel. Genauer gesagt, auf einige wenige Sorten. Und als der Falsche Mehltau nach Irland kam, zerstörte er schon nach wenigen Jahren fast die gesamte Ernte. Die Berichte von Zeitgenossen zeichnen ein dramatisches Bild: Die Menschen starben auf der Straße; es fehlte, wie bei der Pest, die Zeit, um die vielen Leichname würdig zu bestatten. Die Menschen flüchteten in Massen in die Kolonien in Kanada und den USA und brachten dorthin zahlreiche Krankheiten mit, für die sie die Mangelernährung anfällig gemacht hatte und die sich an den Zielorten nun epidemisch verbreiteten.

Denselben Fehler begehen wir bis heute. Zu Beginn des 19. Jahrhunderts wurden in den USA – und hier in Europa ist die Lage ähnlich – noch mehr als siebentausend Apfel- und zweitausend Birnensorten gezüchtet; heute beherrschen nur noch zwei Birnensorten sechsundneunzig Prozent des Marktes. Oder die Kartoffeln: Es gibt weltweit vermutlich zigtausend Sorten, und heute werden nur noch vier kommerziell genutzt. Das ist gefährlich. Wenn wir uns bei unserer Ernährung nur auf eine verschwindend geringe Zahl von Genotypen verlassen, macht uns das schnell zum Opfer von Pflanzenkrankheiten. Jede Krankheit einer »Schlüssel«-Art kann dann verheerende Folgen für uns haben.

PETRINI: Und das wird passieren, weil die Natur nicht so denkt wie wir. Nimm etwa die Sache mit den Bananen: Bis Ende der

1970er-Jahre aßen wir in Europa und Nordamerika nur eine einzige Sorte, *Big Mike* oder *Gros Michel*. Die Sorte hatte man ausgewählt, weil sie besonders gut für den Export geeignet war. Dann starb sie aus, und man ersetzte sie durch die Sorte *Cavendish*. Die momentan auch schon durch eine Krankheit geschwächt ist. Bei der nächsten Sorte wird man wieder auf das dank der biologischen Vielfalt vorhandene Erbgut zurückgreifen, doch ich frage mich, wie lange das gut gehen kann, wie lange wir noch mit der Natur »spielen« können und wann sie sozusagen »zurückschlägt«?

MANCUSO: Man schätzt, dass mit jeder ausgestorbenen Art zehn bis dreißig weitere Arten unweigerlich dasselbe Schicksal ereilt. Wie schon gesagt, Ökosysteme sind äußerst komplex. Wenn wir eine Art aus dem Gesamtbild herausbrechen, wissen wir nicht, was dadurch als Nächstes passiert. Die Arten auf unserer Erde folgen einem Lebenszyklus: Sie entwickeln sich und sterben irgendwann aus. Dass ein bestimmter Prozentsatz an Pflanzen ausstirbt, ist also normal. Doch in den letzten Jahrzehnten ist dieser Prozentsatz rasant angestiegen. Man hört Zahlen wie dreißigtausend Arten pro Jahr. Das ist alarmierend.

PETRINI: Richtig.

MANCUSO: Wie können wir uns bei unserer Ernährung bloß auf den Anbau so weniger Klone verlassen? Das ist gefährlich. Und ich übertreibe nicht. Wenn wir bei unserer Ernährung nur auf drei Getreidearten setzen und von diesen dreien nur wenige Genotypen anbauen, dann spielen wir mit dem Feuer. Wenn wir unser Überleben von so wenigen Pflanzenarten abhängig machen, berauben wir uns der Möglichkeit, bei Krankheiten wie dem erwähnten Falschen Mehltau auf erprobte Alternativen zurückzugreifen.

Von den gesundheitlichen Folgen einer so einseitigen Ernährung ganz zu schweigen. Je mehr Arten wir verzehren, desto ausgewogener ist unsere Ernährung. Mangelerscheinungen sind meistens nicht die Folge einer zu geringen Kalorienzufuhr, sondern die Folge von Vitamin-, Mineralstoff- oder Proteinmangel. Mit einer vielseitigen Ernährung kann man diese wichtigen Stoffe viel einfacher aufnehmen.

Der Rückgang der biologischen Vielfalt ist unter jedem Gesichtspunkt – Aroma, Geschmack, Gastronomie, Gesundheit und menschliches Überleben – ein Irrsinn. Laut einer umfangreichen Studie zum Klimawandel, die kürzlich von der britischen *University of Exeter* veröffentlicht wurde, könnte der Rückgang der biologischen Vielfalt schon bis Ende des Jahrhunderts so weit gehen, dass jede zehnte Art auf der Erde ausgestorben ist. Und wenn das Artensterben in einer solchen Geschwindigkeit erfolgt – tausendfach schneller, als wir es aus vergangenen Zeiten kennen –, dann müssen wir befürchten, dass der Erde nun das sechste Massensterben bevorsteht. Beim letzten Massensterben, dem fünften, vor fünfundsechzig Millionen Jahren, verschwanden die Dinosaurier für immer von der Erde.

PETRINI: Es gibt noch einen weiteren Aspekt des Problems, das du hier ansprichst. Und damit kehren wir zum herrschenden Paradigma zurück, über das wir vorhin schon gesprochen haben. Wenn wir uns bei der Nahrungsmittelerzeugung nur auf die Effizienz der Produktion konzentrieren, dann werden viele Arten zwangsläufig durch leistungsfähigere Arten verdrängt. Auch diese verbreitete, systematische Praxis führt also zur Vernichtung von Pflanzenarten. Und in der Tierwelt passiert das genauso, wenn, was weiß ich, die Deutsche Schwarzbunte alle anderen Rinderrassen verdrängt, weil sie geradezu eine Milchmaschine ist. Und die Folgen? Das Agerolese-Rind der Halbinsel von Sorrent ist vom Aussterben bedroht und damit auch der Käse *Provolone del Monaco*, der aus der Milch dieser Rinderrasse hergestellt wird.

Der Verlust an biologischer Vielfalt ist kriminell, aber in der Öffentlichkeit leider wenig bekannt. Dabei hätte es die biologische Vielfalt, die für unser Leben so bedeutsam ist, verdient, durch eine groß angelegte Bewusstseins- und Mobilisierungskampagne gefördert zu werden, die sich an das Gewissen all jener richtet, denen das Schicksal unseres Planeten am Herzen liegt. Wir fördern die biologische Vielfalt mit unserem Projekt *Arche des Geschmacks*, einer Arche, die einmal zehntausend bedrohte pflanzliche und tierische Produkte aufnehmen und vor der weltumspannenden Sintflut retten soll. Allerdings stoßen wir bei der Umsetzung immer wieder auf Schwierigkeiten, es gibt zigtausend Hindernisse, dabei müsste die Arche eigentlich zum Markenzeichen aller Gemeinschaften werden, die die Erde bewohnen. Alle Gemeinschaften müssten eigentlich einen Moment innehalten und sich fragen: Was sollten wir schützen, ehe es zu spät ist? Welche Produkte in meiner Region dürfen nicht verloren gehen? Viele Gemüse-, Wurst- oder Rebsorten oder Käsespezialitäten werden heute nämlich der Logik einer effizienten Produktion geopfert, und andere verschwinden einfach, weil sich Geschmacks- und Geruchsvorlieben durch unseren Konsum unmerklich verändern. Oder etwa nicht? Und das führt zu einer kulturellen Verarmung von ungeheuren Ausmaßen, die bis in unsere Körper hineinreicht.

MANCUSO: Aber was ja schon einmal gut ist: Heute gibt es immer mehr Samenbanken, Banken mit Keimplasma, die zumindest einige Exemplare oder jedenfalls die Genotypen von Arten aufbewahren, die sonst endgültig ausgestorben wären. Das ist zweifellos ein verdienstvolles Unterfangen, das man unbedingt fortsetzen sollte. Aber wir dürfen nicht glauben, dass wir Pflanzen oder Tiere durch Samenbanken wirklich vorm Aussterben bewahren können. Am Ende werden diese nicht allzu viel bringen. Wenn wir eine Pflanzensorte oder Tierrasse nicht mehr nutzen, wird sie eines Tages verschwinden. Darum ist es so wichtig, dass wir die *Presidi* oder die Förderkreise, die die Netzwerke von Slow Food und Terra Madre heute überall in der Welt aufbauen, neu entdecken und fördern. Es reicht nicht, nur die Genotypen zu konservieren. Eine Sorte muss auch ökonomisch gestützt werden, kurz gesagt, jemand muss sie konsumieren.

Die gastronomischen und die botanischen Wissenschaften verfolgen hier ja vielfach dieselben Ziele. Ob Bohnensorte oder Rinderrasse: Beide müssen durch eine Strategie vor dem Aussterben bewahrt werden, die von Anbau und Aufzucht bis zum Vertrieb und Verkauf reicht.

Hinzu kommt, dass wir uns gar nicht der Gefahr bewusst sind, die darin liegt, dass nun schon seit langer Zeit, beinah täglich, Hunderte von Pflanzenarten von der Erde verschwinden. Beim Tierschutz und bei den Tierrechten gibt es dagegen eine weitverbreitete Sensibilität. Der WWF beispielsweise führt große Kampagnen durch, um bedrohte Tierarten zu retten; denken wir nur an die vielen Aktionen zum Schutz von Koalabär oder Mönchsrobbe! Für die Pflanzen gibt es nichts Vergleichbares. Aber ich will hier nicht die Rolle des wunderlichen, engstirnigen Botanikers spielen, der nur auf seine Pflanzen bedacht ist. Der Koalabär und die Mönchsrobbe liegen mir genauso am Herzen. Keine einzige Tierart soll aussterben.

Ich möchte allerdings ein Bewusstsein dafür wecken, dass – ich wiederhole mich – jeden Tag Hunderte Pflanzenarten von der Erde verschwinden, und viele davon hat der Mensch noch nicht einmal entdeckt. Die meisten Schätzungen gehen davon aus, dass wir bisher eher wenige Pflanzen kennen. Teilweise hält man mehr als die Hälfte aller Pflanzenarten noch für unentdeckt. Und auch von denen sterben Tag für Tag viele aus. Das ist für die Biosphäre zweifellos ein Drama, aber genauso ein Verlust für die Menschheit. Was hätten uns die Pflanzen alles geben können? Wenn man bedenkt, dass wir aus den wenigen uns bekannten Pflanzen fast alle unsere Arzneimittel gewinnen, dann müssen wir uns fragen: Was hätten uns die Pflanzen geben können, die Tag für Tag von der Erde verschwinden? Jedes Jahr machen wir im Amazonasgebiet Tausende Hektar Regenwald dem Erdboden gleich. Und wie ein aktueller Artikel in der Zeitschrift *Nature* zeigt, bindet dieselbe Fläche Regenwald aufgrund des Klimawandels heute dreißig Prozent weniger Kohlendioxid als noch vor dreißig Jahren. Die Situation ist dramatisch, was die Menschheit aber offenbar nicht begreift: Der Regenwald bindet durch den Klimawandel schon an sich weniger CO_2, und dann dezimieren wir ihn Jahr für Jahr noch weiter. Das ist so töricht, dass man fast darüber lachen möchte, weil wir das ganze Unheil ja noch selber anrichten.

PETRINI: Und wir müssen auch noch etwas anderes berücksichtigen: die biologische Geschmacksvielfalt. Und die steht wiederum in Beziehung zu dem Paradigmenwechsel, den Terra Madre und Slow Food mit der *Gastronomie der Befreiung* (*Gastronomia per la liberazione*) umsetzen möchten. Der Geschmack entwickelt sich ja fortlaufend …

MANCUSO: Das ist ein kulturelles Faktum.

PETRINI: Genau. Und dann gewöhnen wir Milliarden von Kindern an einen süßen Synthetikgeschmack. Die Getränke beispielsweise werden immer süßer, und das beeinflusst auch unser Geschmacksverhalten und damit, wie wir den Ressourcenreichtum unseres Planeten wahrnehmen. Wenn wir unsere Kinder an einen süßen Synthetikgeschmack gewöhnen, werden sie als Erwachsene bittere Geschmacksrichtungen kaum noch schätzen können. Alles Bittere wird von Kindern heute tatsächlich als ekelhaft empfunden, obwohl es früher die am weitesten verbreitete alltägliche Geschmacksrichtung war. Und das führt wiederum direkt zum Rückgang der biologischen Vielfalt. Die Nahrungsmittelindustrie erzieht uns ein Geschmacksverhalten an, dass dann auch die Nachfrage verändert. Wir müssen darum alle Geschmacksrichtungen verteidigen, ob süß oder bitter. Slow Food hat sich das auf seine Fahnen geschrieben. Wir haben schon immer großen Wert auf den Geschmack gelegt und ihn als spielerisches Element betont: Es macht doch Spaß, einen neuen Geschmack auszuprobieren, oder?

Wenn wir die geschmackliche Vielfalt bewahren, schützen wir auch die biologische Vielfalt, davon sind wir überzeugt. Wir können dadurch ökologisch bewusst leben. Der Geschmack ist ein komplexes Konzept, weil er direkt mit dem Wert der menschlichen Diversität zu tun hat: Er ist wissender Genuss oder genussreiches Wissen. Wie wir Genuss und Wissen verbinden, bestimmt unser Verhalten. Und genau da sollten wir ansetzen. Wenn ich den Geschmack aber durch ständige Berieselung mit Botschaften und Produkten beeinflusse und ganze Generationen an einen einheitlichen, vorgefertigten Geschmack gewöhne – in der Nahrungsmittelindustrie gibt es nichts Zufälliges mehr, sie beobachtet unser Verhalten genau, um es in ihrem Sinne zu beeinflussen –, dann nimmt auch die biologische Vielfalt ab. Dann gefällt mir ein Geschmack plötzlich nicht mehr. Und ich lehne das entsprechende Produkt ab.

Ich erinnere mich, dass man früher, als ich jung war, bei gesundheitlichen Problemen bitteren Kräutertee trank – eine sehr vernünftige Familientradition. Das empfand man nicht als schlimm, und außerdem lernte man dabei die Kräuter seiner Region kennen. Ich sehne mich heute sogar nach diesen bitteren, leicht unangenehmen Geschmacksnoten, die gleichzeitig so sauber und stimmig waren. Manche Geschmacksnoten verschwinden hingegen, weil die gesellschaftlichen Konventionen es so wollen. Der Knoblauchgeschmack verflüchtigt sich aus unserer Küche, weil er sich in Gesellschaft nicht gut macht. Doch schon die jahrtausendealten Arzneibücher kannten die Heilwirkungen von Knoblauch, und noch unsere Eltern machten reichlich Gebrauch davon. Spätere Generationen können dann leicht sagen, alles habe seine Grenzen, man müsse maßhalten. Aber wenn wir so stark maßhalten, dass eine Pflanze ausstirbt, verhalten wir uns dann wirklich klug?

7

Die Welt gehört den Pflanzen

MANCUSO: Unsere bisherige Diskussion führt uns direkt zu dem Problem der Beziehung zwischen Mensch und Natur. Ich glaube übrigens, wir könnten hier zu sehr fruchtbaren Ergebnissen kommen, wenn wir den Blick, den die *Gastronomie der Befreiung* auf Erde und Mensch wirft, mit der Betrachtung der Pflanzen als intelligente Lebewesen, meinem Forschungsschwerpunkt, verknüpfen würden. Intelligenz ist ja kein menschliches Privileg. Sie kommt in verschiedener Form in verschiedenen Organismen vor. Und wenn man sich Pflanzen und ihre Fähigkeiten wirklich einmal vorurteilsfrei anschaut, kann man nicht umhin, ihnen Intelligenz zuzusprechen, und zwar ohne Wenn und Aber. Die Erforschung der Pflanzen als intelligente Lebewesen und die neue Sichtweise der *Gastronomie der Befreiung* könnten dazu beitragen, dass wir unseren eigenen Blickwinkel verändern und die Welt mit anderen Augen sehen. Wenn wir davon ausgehen, dass wir durch die Wahl unserer Nahrungsmittel dazu beitragen können, die wertvollen Ressourcen unserer Erde zu schützen – und damit den einzig gangbaren Weg beschreiten, um das Überleben unserer Art zu sichern –, müsste der nächste Schritt darin bestehen, die Pflanzenwelt völlig neu zu betrachten. Ich denke, wir können diese Diskussion nicht länger aufschieben: die Diskussion über die Frage, ob wir die Pflanzen – komplexe und hoch entwickelte Lebewesen, von denen wir unmittelbar abhängig sind – nicht mit Grundrechten ausstatten müssen, wie sie eigentlich der gesamten Natur zustehen. Wir müssen das Daseinsrecht von Mensch, Tier und Pflanze schützen; für eine Position, die uns dabei zum absoluten Herrscher über alle anderen Lebewesen macht, gibt es, meiner Meinung nach, ethisch keine Rechtfertigung.

Vor ein paar Jahren wurde erstmals zwar nicht direkt von den Rechten, aber von der Würde der Pflanzen gesprochen. Das war eine sehr theoretische Position, die von der Schweizer Regierung vertreten wurde – und die offenbar Vorbedingung dafür war, Pflanzen mit Rechten auszustatten. In der Wissenschaft gab es einen Sturm der Entrüstung: In mehreren Artikeln der Zeitschrift *Nature* – vom Wutausbruch bis zum Spottvers – wurde die schweizerische Initiative als Forschungshemmnis verurteilt. Wenn wir die Pflanzen mit Rechten ausstatten, so der Tenor der Proteste, dann dürfen wir sie ja nicht mehr für Versuche verwenden und nicht mehr essen. Beim Thema Pflanzen begegnet man leider häufig solcher Hysterie: alles Unsinn ohne Hand und Fuß, der nichts, aber auch gar nichts zur Klärung des Problems beiträgt. Wenn wir Pflanzen mit Rechten ausstatten würden, hieße das aber beispielsweise, dass wir den Regenwald nicht mehr dem Erdboden gleichmachen dürften. Und deshalb halte ich die Anerkennung und Festschreibung von Pflanzenrechten für einen ganz wichtigen Schritt. Nicht so sehr zum Schutz der Pflanzen, vielmehr zu unserem eigenen Schutz.

Die Rechtsgeschichte verläuft in seltsamen Bahnen und seit Jahrhunderten nach demselben Muster. Wenn wir heute Pflanzenrechte festschreiben würden, wären die Leute genauso belustigt und erstaunt, wie wenn im Römischen Reich jemand gesagt hätte, Ehefrau und Kinder haben das Recht, nicht als Objekt und Eigentum des *pater familias* behandelt zu werden, des damals einzigen Rechteträgers. Oder wie wenn jemand vor dreihundert Jahren gesagt hätte, Männer und Frauen aller Hautfarben besäßen dieselben Rechte. Und selbst vor Kurzem rief es noch ungläubiges Erstaunen hervor, wenn jemand sagte, wir dürften mit Tieren nicht machen, was wir wollen. Die Rechtsgeschichte ist lang und steinig, aber sie kennt kein Ende und schließt niemanden aus. Warum nicht? Weil das die besondere Eigenschaft des Rechts ist: dass alle davon profitieren. Wenn wir jemanden mit Rechten ausstatten, haben alle etwas davon. Und heute liegt es in unserem Interesse, den Pflanzen Rechte zuzusprechen. So schützen wir uns selber und bewahren uns vor einer Katastrophe. Denn wenn wir die Umwelt weiterhin so inbrünstig zerstören wie in den letzten Jahren, könnte das für unser Überleben ungeahnte Folgen haben. Es scheint also angebracht, dass wir unser Verhalten rechtzeitig, und bevor es zu spät ist, überdenken und umgehend geeignete Maßnahmen ergreifen. Den Pflanzen Grundrechte zuzugestehen scheint mir da ein guter Anfang.

PETRINI: Die Festschreibung von Pflanzenrechten muss allerdings mit der Sensibilisierung und Mobilisierung der Menschen Hand in Hand gehen. Sonst wird das Recht zwar von allen gutgeheißen, aber kaum jemand entrüstet sich über seine Verletzung: wie etwa beim Recht auf Nahrung. Ich habe den Kampf gegen Mangelernährung und Hunger einmal mit dem langen Kampf der Menschheit gegen die Sklaverei verglichen, und der hat vier- oder fünfhundert Jahre gedauert. Als die Sklaverei nach dem amerikanischen Bürgerkrieg in den USA und 1926 auch von den Vereinten Nationen verboten wurde, schrieb man damit einen erfolgten Paradigmenwechsel fest. Die Menschheit hatte die Sklaverei immer geduldet, von Anfang an, und aus rein wirtschaftlichen Gründen stets als notwendiges Übel betrachtet. Selbst in den USA, wo die Gleichheit aller Bürger in der Verfassung verbürgt ist, hielt man jahrzehntelang an dieser frevelhaften Praxis fest, als wenn nichts wäre. Doch plötzlich trug die Menschlichkeit den Sieg davon, aber erst nach einem sehr langen gesellschaftlichen Prozess. Was man bislang akzeptiert hatte, galt auf einmal als inakzeptabel, und heute wären alle Menschen entsetzt, wenn man die Sklaverei wieder einführen wollte.

Das Recht auf Nahrung, das wir heute für ein Grundrecht, für ein unveräußerliches Menschenrecht halten, haben wir noch nicht wirklich verinnerlicht. Die Mobilisierung der Menschen, die allgemeine Sensibilisierung für die Menschenrechte und der Kampf gegen Hunger und Mangelernährung müssen noch viel stärker vorangebracht werden. Ich nenne mal ein Beispiel: Dank der Erlebnistage der Stiftung für Denkmalpflege und Naturschutz FAI (*Fondo Ambiente Italiano*) besuchen heute Millionen Italiener unsere Kultur- und Naturdenkmäler. Noch vor dreißig Jahren hätte das niemand gemacht. Und den Leuten geht es nicht nur darum, am Sonntag irgendwie die Zeit totzuschlagen. Sie wollen Neues kennenlernen und mehr darüber erfahren.

Wir von Slow Food möchten – und das gehört ganz wesentlich zu unserem Verein – dieselbe Leidenschaft und dasselbe Interesse für die biologische Vielfalt im Tier- und Pflanzenreich entfachen – was bisher allerdings noch nicht wirklich gelungen ist. Wir wollen die Leute mobilisieren, wir wollen, dass ihnen eine bestimmte Tierrasse ihrer Region oder eine Pflanzenart oder ein Wald oder ein unberührter Flusslauf so am Herzen liegen, dass diese geschützt und nicht zerstört werden – oder auch eine bestimmte Produktionsmethode, die uns durch unser *savoir faire* und die biologische Vielfalt einen Käse oder eine Wurst schenkt, die Teil unseres kulturellen Erbes sind. Nahrungsmittel sind ebenso ein Kulturgut wie Schlösser, Burgen oder gotische Kathedralen. Wir haben dieses Kulturgut schon immer gepflegt. Aber bislang ist es uns nicht gelungen, dabei den ethisch-politischen Aspekt in den Vordergrund zu rücken. Die konsumorientierte Mobilisierung hat bisher überwogen: Man möchte die kulturelle Tradition durch Wochenmärkte oder Kochserien im Fernsehen pflegen. Weil es einfacher ist, sich zum Schutz der biologischen Vielfalt auf Aspekte wie Geschmack und Geruch zu beschränken, gibt es noch kein Bewusstsein dafür, wer die biologische Vielfalt tatsächlich schützt. Schwieriger wird es dann, und das verlangt auch ein größeres Engagement, wenn wir begreifen, dass es die Bauern sind, die die biologische Vielfalt bewahren und dass ihnen daher unsere Achtung und ein gerechter Lohn gebühren. Wenn wir einen gerechten Lohn zahlen, geben wir der Nahrung ihren Wert zurück. Der Schutz der biologischen Vielfalt muss darum Bestandteil eines großen kulturellen Sensibilisierungs- und Mobilisierungsprojekts sein, das auf allen Ebenen wirksam wird.

MANCUSO: Aber was die Rechte betrifft: je eher man darüber spricht, desto besser. Weil es nämlich Jahrhunderte braucht, bis sie Allgemeingut und von allen anerkannt werden. Wenn wir heute eine Diskussion über die Rechte von Pflanzen initiieren, dann werden wir, mit ein bisschen Glück und gutem Willen, vielleicht zur Jahrhundertmitte erste Ergebnisse sehen.

Denn solche neuen Ansätze halten zwar alle schnell und gern für gut und richtig, sie bleiben aber trotzdem oft leere, bedeutungslose Hülsen. Begriffe wie biologische Vielfalt und Nachhaltigkeit sind im wissenschaftlichen Bereich heute en vogue. Ohne diese Schlüsselbegriffe hätte heute kein Forschungsprojekt mehr die geringste Chance auf Förderung. Du wirst heute keine einzige Ausschreibung für EU-geförderte Projekte finden, die nicht das Mantra biologische Vielfalt und Nachhaltigkeit enthält. Beide Begriffe sind heute ein Muss. Ich hege allerdings ernste Zweifel daran, ob sie wirklich bis ins allgemeine wissenschaftliche Bewusstsein vorgedrungen sind. Ich glaube, es wird noch Jahrzehnte und Generationen von Wissenschaftlern mit einer neuen Vorstellung von Natur brauchen, ehe die Begriffe der unverrückbare Dreh- und Angelpunkt einer Strategie zum Schutz der Pflanzenwelt sind.

PETRINI: Interessant wäre vielleicht auch, neue Begriffe einzuführen, weil die alten häufig von der Agrarindustrie instrumentalisiert werden … Das wäre eine Art Guerillakrieg auf diskursiver und kultureller Ebene, um der beliebigen Verwendung solcher Begriffe etwas entgegenzusetzen.

MANCUSO: Die Strategie ist ja offensichtlich. Da muss man sich nur die Werbung der Pestizidbranche anschauen, die auf »Nachhaltigkeit« setzt und ihre Botschaft durch das Foto einer angefaulten Paprika unterstreicht. Es ist sonnenklar, dass sie den Begriff verwässern oder sogar verfälschen will, um ihn im Sinne ihrer ökonomischen Interessen zu instrumentalisieren.

PETRINI: Die Werbung, die du meinst, verbirgt ihre eigentlichen Absichten ja nicht nur hinter der Behauptung, ihre speziellen Technologien gäben uns die Mittel für eine »umwelt- und verantwortungsbewusste« Landwirtschaft an die Hand – wobei sie die katastrophalen Folgen von Pestizideinsätzen wohlweislich verschweigt. Sie radiert auch mit einem Strich eine jahrtausendealte bäuerliche Tradition aus, die auf Wissen und Erfahrung beruht. Doch wenn wir unsere Traditionen nicht pflegen und bewahren, dann haben wir auch keine Zukunft. Traditionen haben allerdings die Eigenschaft, von Generation zu Generation zu verblassen. Wenn wir sie bewahren wollen, ohne nostalgisch zu werden, und wenn sie mit den Innovationen Schritt halten sollen, dann müssen wir sie lebendig erhalten. Und das tut unsere Bewegung. Man hat Slow Food und Terra Madre häufig vorgeworfen, rückwärtsgewandt zu sein, weil wir das bäuerliche Wissen, die bäuerlichen Produkte, Produktionsketten und -verfahren und die Würde der Arbeit und des Bodens bewahren wollen. Doch irgendwann wurde sogar unseren Gegnern bewusst, dass wir für etwas kämpfen, was moderner gar nicht sein könnte. Die Gesellschaft braucht ein historisches Gedächtnis ebenso wie jemanden, der das historische Gedächtnis kreativ und innovativ weiterentwickelt. Eine Gesellschaft muss sich ständig darin üben, das hört nie auf.

Allerdings habe ich an der Universität ja viel Kontakt mit jungen Leuten, und da muss ich sagen, dass viele über Dinge, die für mich selbstverständlich sind, in ihrem Leben noch nie nachgedacht haben. Beispielsweise gibt es Bücher, die mich geprägt haben, oder Filme! Wie, den Film kennst du nicht? Hä, wieso? … Alles nutzt sich eben ab, und alles kann verloren gehen. Das historische Gedächtnis zu pflegen ist schwierig, aber man darf dabei nicht nachlassen und man muss das in der Gemeinschaft angehen. In der »Schicksalsgemeinschaft«, wie Edgar Morin sagt. Also dort, wo das Gedächtnis seinen Ort hat und wo es für alle nach uns bereitgestellt wird.

MANCUSO: Da fällt mir ein, dass man in einem Dorf in der Polesine in Venetien Kärtchen mit den Spitznamen der Dorfbewohner an eine Pappel heftet: Die Sitte erinnert ganz wunderbar an die kulturelle Bedeutung des Stammbaums und der überlieferten Familientraditionen. Und da muss ich wiederum an die Geschichte mit den »Freiheitsbäumen« während der Französischen Revolution denken. Wo immer die Revolution hinkam, pflanzte man auf dem Dorfplatz einen Baum, den man mit den Symbolen der neuen Gesellschaftsordnung schmückte. Er sollte bezeugen, dass eine neue Zeit angebrochen war, eine Zeit der Freiheit, ein neues Zeitalter der Menschheit. Der Baum ist ein Symbol für die Geschichte des Ortes und zugleich ein Zeichen der Erneuerung und des Fortschritts, weil er von den neuen Wertvorstellungen und der neuen Weltanschauung zeugt.

Und ich halte eure Bewegung für alles andere als rückwärtsgewandt, ich halte sie im Gegenteil für wahrhaft modern: durch die Art, wie ihr organisiert seid, und durch das vollkommen neue Wirtschaftsmodell, das ihr vertretet. Was ich sagen will: Das Alte besteht doch ganz banal darin, dass man auf ausgetretenen Pfaden bleibt, während das Neue nach anderen Wegen sucht. Und wenn man von »ökonomisch nachhaltiger Landwirtschaft« spricht, liegt immer schon ein Denkfehler vor. Weil man nämlich meint, allein die Agrarindustrie sei in der Lage, ausreichend Gewinne zu erwirtschaften. Doch da bin ich ganz anderer Meinung. Einmal, weil diese Gewinne durch sogenannte negative externe Effekte beflügelt werden, die in den Bilanzen bislang noch nie berücksichtigt wurden; sie müssen aber früher oder später in die Kalkulation einfließen und werden den Markt verändern. Und dann, weil ich glaube, dass Gewinne am ehesten von den landwirtschaftlichen Betrieben erwirtschaftet werden können, die hochwertige Nahrungsmittel produzieren und ihr natürliches Umfeld – und ihr soziales Umfeld, nicht zu vergessen – schonend behandeln. Aber ganz abgesehen davon, was die Zukunft bringen wird: Keine Initiative wäre erfolgreich, wenn sie keine Gewinne erwirtschaften würde.

PETRINI: Genau.

MANCUSO: Die Leute, die mit eurer Organisation arbeiten, tun das, um Gewinne zu erzielen. Offenbar werden sie angemessen für ihre Arbeit bezahlt. Sonst würde das ja keiner machen … Der Vorwurf, ihr wärt rückwärtsgewandt, ist irgendwie abgeschmackt. Vielleicht ist er durch das »slow« in eurem Namen entstanden: Langsamkeit wird ja oft als ein Relikt der Vergangenheit wahrgenommen. Ihr sprecht von historischem Gedächtnis, und das verweist auf die Geschichte. Aber vergessen wir doch nicht, dass unsere Zivilisation auf dem Erinnerungsvermögen von Menschen beruht. Wir sind eine kulturelle Spezies – die einzige, wie es lange schien, aber vielleicht gibt es nun doch weitere; wir sind eine Spezies, die ihr kulturelles Erbe von Generation zu Generation weitergeben muss. Würde das bei nur einer einzigen Generation aus irgendwelchen Gründen nicht gelingen, dann würde der Mensch wieder zum wilden Tier. Wie der berühmte Wolfsjunge, der in einem Wald ausgesetzt wurde und nur auf einem sehr primitiven Niveau überleben konnte.

PETRINI: Richtig.

MANCUSO: Das kollektive Gedächtnis ist die Grundlage unseres sozialen und individuellen Lebens, und das Gedächtnis sind wir. Dadurch besitzen wir Kultur. Und das Wort Kultur kann eine pflanzliche Kultur oder das kulturelle Leben meinen. Das ist dasselbe Wort. Das lässt sich auch historisch erklären. Beides entstand gleichzeitig. Die Kultur hat sich mit der Landwirtschaft entwickelt: Weil der Mensch nicht mehr den ganzen Tag mit der Nahrungssuche zubringen musste, hatte er Zeit zum Nachdenken, er konnte Dinge planen oder auch Dinge schaffen, die nicht unbedingt überlebensnotwendig waren. Das scheint mir doch eine interessante und hochaktuelle Beobachtung: dass die gesamte Geschichte der Menschheit und das Entstehen unserer Kultur davon abhängen, wie wir uns Nahrungsmittel beschaffen.

Und noch etwas scheint mir interessant: Als sich der Mensch dafür entschied, bestimmte Pflanzen auszuwählen, war das in seiner Geschichte ein Wendepunkt. Die Entscheidung, bestimmte Pflanzen auszuwählen, anzubauen und dann die produktivsten Exemplare zu züchten, hatte nämlich schwerwiegende Folgen. Der Mensch griff damit radikal in den Evolutionsprozess ein: Er wurde selber zur evolutionären Kraft. Wieso? Weil er eine Art in eine andere verwandelte. Den Wolf in den Chihuahua. Wir haben den Wolf genommen und einen Begleithund daraus gemacht. Doch wohlgemerkt, nicht wir allein haben darüber entschieden. Wir haben den Wolf ausgewählt, aber er auch uns. Das beruhte auf Gegenseitigkeit und entpuppte sich dann als gut funktionierende evolutionäre Ehe. Das Zusammenleben erwies sich besonders für uns als vorteilhaft, weil der Wolf gute Verteidigungsfähigkeiten besaß, aber auch der Wolf profitierte, weil wir für seine Ernährung sorgten. Natürlich, aus dem Wolf wurde ein Hund … Aber damit hat er sicher den siegreichen Weg gewählt. In Italien leben heute ungefähr fünfzehn Millionen Hunde, aber nur ein paar Hundert Wölfe. Für den Wolf war die Entwicklung zum Hund – evolutionär gesehen, wie wir gesagt haben – mehr als erfolgreich.

Und ähnlich wie die Entwicklung vom Wolf zum Hund hat auch die Domestizierung der Pflanzen zu einer Schwächung der Arten geführt. Wenn wir eine Pflanze auswählen, um sie zu kultivieren, treten wir an die Stelle der evolutionären Kraft der Natur: denn wir bevorzugen produktive Eigenschaften, die überhaupt nichts mit der Anpassung der Pflanze an ihre Umwelt zu tun haben. Damit schwächen wir die Pflanzen und machen sie von unserem Eingreifen abhängig. Die Varianten, die wir heute anbauen, sind so wehrlos und so weit von ihren wilden Verwandten entfernt wie der Hund vom Wolf.

PETRINI: Da kommt mir zweierlei in den Sinn. Erstens: In die Charta der Grundrechte müsste eigentlich das Recht der Pflanzen auf einen Ort aufgenommen werden, wo sie wild wachsen können …

MANCUSO: Ganz klar! Eindeutig!

PETRINI: Das könnte sogar zu einem großen Unterfangen werden, auch in einer städtischen und großstädtischen Umgebung …

MANCUSO: Natürlich. Die Pflanzen brauchen in den Städten endlich ein Umfeld, in dem sie wild wachsen können. Davon würden alle profitieren.

PETRINI: Daran, dass wir den Pflanzen Raum und Zeit geben sollten, damit sie sich entwickeln können, hat bisher noch kein Städtebauer wirklich gedacht. Wenn wir den Pflanzen Rechte zugestehen, müssten sich auch die Grundprinzipien von Architektur und Städtebau ändern. Dann müssten wir in der von uns geprägten Welt Freiräume für die pflanzlichen Organismen schaffen. Ich sehe noch den Bauern vor mir, den der Regisseur Ermanno Olmi in dem Film *Terra Madre* so überzeugend inszeniert hat: Er lebte und starb auf einem Grundstück, das er ganz sich selbst überließ oder auf das er kaum Einfluss nahm. Er starb im ehrwürdigen Alter von vierundachtzig Jahren, in einem Dürrejahr. Wegen der Dürre konnte er nicht einmal mehr die paar Produkte ernten, die sonst auf seinem Grundstück wuchsen. Das Stückchen Land ging dann an die Universität Padua, und ich hoffe, sie wissen es zu schätzen und bewahren es. Es war wunderschön, auch wenn es objektiv gesehen, angesichts der modernen Landwirtschaft, eine weltfremde Idylle war: Die Gehölze wucherten dort scheinbar chaotisch, dazwischen verbargen sich Wiesen, fast spontane Gemüse- und Obstgärten und ein Haus, das nur aus Materialien der Umgebung gebaut war. Aus Holz und Pflanzenfasern. Der Mann flickte seine Kleidung mit Fäden, die er Pflanzen entnahm. Sein technisches Geschick und sein Anpassungswille waren dort noch immer überall zu spüren. Es war unglaublich beeindruckend, wie einfach alles vom Leben dieses Bauern zeugte, der mit der Pflanzenwelt im Einklang war.

MANCUSO: Schönheit ist die Frucht des Augenblicks … Schönheit ist Ausgewogenheit oder Verhältnismäßigkeit. Natürlich wirken wir auf die Natur ein, aber wir und die Natur müssen dabei im Gleichgewicht sein. Unser Einwirken auf die Natur muss ausgewogen sein. Als Fra' Luca Pacioli sein Werk *De Divina Proportione* über die Schönheit und den Goldenen Schnitt schrieb – das Leonardo da Vinci illustriert hat –, hatte er eine Anleitung vor Augen, mit der man in jedem Bereich Schönes schaffen könne, und er wünschte sich, jeder »kluge Mann« besäße davon ein Exemplar. Wir bräuchten heute einen neuen Luca Pacioli: damit er uns geeignete Begriffe an die Hand gibt, mit denen wir unser Einwirken auf die Natur messen und so beurteilen können, ob es ausgewogen und damit schön ist.

PETRINI: Und man sollte immer an das Wortpaar »Zucht und Pflege« denken, weil man nichts mehr zu pflegen braucht, wenn wir alles züchten.

MANCUSO: Aber was bedeutet hier »pflegen«? Natürlich muss die Erde gepflegt werden. In der Charta der Grundrechte müsste das Recht der Pflanzen auf einen eigenen Ort festgeschrieben werden, an dem sie sich natürlich entwickeln und wachsen können. Dieses Grundprinzip müssten wir als Allererstes anerkennen.

PETRINI: Auch wenn die Pflanzen schließlich kommen und sich den Platz von alleine nehmen!

MANCUSO: Auf jeden Fall. Im dem wunderbaren Buch *Die Welt ohne uns* von 2007 beschreibt Alan Weisman, was passieren würde, wenn es die Menschheit auf einmal nicht mehr gäbe. Nichts würde passieren! Schon nach wenigen Jahren, ein Wimpernschlag in der Geschichte der Erde, hätten die Pflanzen den Planeten zurückerobert. Wie ich im Eingangskapitel schon sagte: Von uns würde kaum eine Spur bleiben.

PETRINI: Da braucht man nur an frühere Zivilisationen denken, die heute unterm Erdreich begraben liegen …

MANCUSO: Wie viele Zivilisationen wurden schon unter Pflanzen begraben? Hochkulturen wie die Inkas oder Mayas verschwanden spurlos in nur wenigen Jahren und wurden von Wald überwuchert.

PETRINI: Das war, als noch vor der Entdeckung Amerikas die großen präkolumbianischen Reiche zusammenbrachen. Da kann man wieder einmal sehen, wie schnell und unaufhaltsam starre Organisationsformen verfallen. Ganz anders die flexible strenge Anarchie, die ich vorhin erwähnte, als ich gesagt habe, wir sollten uns unsere Bewegung nicht wie eine Pflanze, sondern besser wie einen Wald vorstellen.

MANCUSO: Ja, kehren wir zur Bioinspiration zurück. Pflanzliche Organismen sind eine wichtige Inspirationsquelle, wenn es um die Frage geht, wie wir langfristig überleben können. Millionen Wurzeln arbeiten im Wurzelstock als Netzwerk zusammen. Autonome Pflanzenmodule verhindern gemeinsam, dass Fressfeinde das Leben der Pflanze bedrohen. Eine neue Organisationsform, die auf pflanzlichen Kriterien basiert … das schüfe wirklich eine dauerhafte Gesellschaft.

STEFANO MANCUSO

Eine Welt für sich

Man braucht die Insel Mauritius nur zu erwähnen, und schon entsteht vor unserem inneren Auge unweigerlich das Bild von einem Paradies. Seit Mark Twain nach einem Besuch der Insel 1896 die berühmten Worte schrieb: »Zuerst wurde Mauritius erschaffen, dann das Paradies; aber das Paradies war nur eine Kopie von Mauritius«, haben Reisekataloge und Werbeprospekte uns eingehämmert, es gäbe keine authentischere Tropeninsel als die *Île de Maurice*. Die Insel bietet alle Ingredienzien, die für uns das Bild von Exotik ausmachen: endlose weiße Sandstrände, riesige Kokospalmen, klare, türkisblaue Lagunen, bunte Fische, immergrüne Wälder, prachtvolle Vögel, tropische Früchte und eine scharfe Küche. Mauritius hat all das im Überfluss.

Diese und andere Bilder schossen mir vor einigen Monaten durch den Kopf, als der toskanische Herbst mal wieder besonders kühl und regnerisch war. Ich befand mich gerade in meinem Labor im *Polo scientifico di Sesto Fiorentino* der Universität Florenz und wiederholte zum x-ten Mal eine nervtötende Versuchsreihe, als mein Computer plötzlich piepte und ich eine völlig überraschende Einladung nach Mauritius erhielt, wo ich in dem wunderbaren botanischen Garten von Pamplemousses einen Ableger meines Labors eröffnen sollte. Natürlich nahm ich die Einladung an und stieg wenige Wochen später, begleitet von den neidischen Blicken meiner Kollegen und Mitarbeiter, ins Flugzeug. Bei meinem Aufenthalt sollte ich dann allerdings kaum Zeit haben, das kristallklare tropische Meer zu genießen. Ich verbrachte die meiste Zeit inmitten der wenigen verbliebenen Wälder, verliebte mich unsterblich in die wunderbare Landschaft und begriff allmählich, was biologische Vielfalt wirklich bedeutet. Und wie wenig es braucht, um sie zu zerstören.

Mauritius liegt mitten im Indischen Ozean und bildet mit den Inseln La Réunion und Rodrigues den Archipel der Maskarenen. Durch die geografische Lage fernab vom Festland und allen wichtigen Handelsrouten blieb die Inselgruppe lange unentdeckt und bis Anfang des 17. Jahrhunderts von Menschen unberührt. Eine Seltenheit angesichts der Tatsache, dass die Erde schon vor Jahrtausenden global besiedelt wurde.

Weil Mauritius vom Festland weit genug entfernt lag und nicht mit Menschen in Berührung kam, entwickelte sich dort eine einzigartige Flora und Fauna. Mauritius war das reinste Versuchslabor einer Parallel-Evolution. Eine eigene Welt. Ein gigantisches schwimmendes Gewächshaus inmitten des Ozeans, das man jahrmillionenlang sich selbst überlassen hatte und in dem Evolution und Ökologie einen eigenen Weg einschlugen, mit ungewöhnlichen, überraschenden Ergebnissen.

Auf Mauritius lebte der skurrile, wehrlose Vogel namens Dodo, den Lewis Carrol unsterblich machte, als er ihn in *Alice im Wunderland* zur Karikatur seiner selbst erwählte. Dort entwickelten sich auch die Riesenschildkröte, der schwarze Mauritius-Papagei, die blaue Mauritius-Fruchttaube oder das Maskarenen-Blesshuhn, die bald nach Ankunft des Menschen auf der Insel aussterben sollten. Oder die Rosentaube, der Mauritius-Falke, der Mauritius-Bülbül und viele andere Arten, die bis heute auf den verbliebenen armseligen und geschützten zwei Prozent der Inselfläche ausharren, auf denen noch Urwald wächst.

Abgelegene Inseln stießen wegen der außergewöhnlichen Arten, die dort leben oder einst lebten, schon immer auf Interesse. Wie auf anderen Inseln auch, gab es auf Mauritius keine Beutegreifer; Vögel wie der Dodo oder Reptilien wie die Riesenschildkröte konnten sich deshalb zu ungewöhnlicher Größe entwickeln. Weitere berühmte Beispiele für einen solchen Riesenwuchs sind die (ausgestorbenen) flugunfähigen Vögel wie der Moa auf Neuseeland, der Moa-Nalo auf Hawaii oder der Elefantenvogel auf Madagaskar.

Und die Pflanzen? Mauritius ist der Traum jeden Botanikers: ein Labor unter freiem Himmel, in dem eine von drei Pflanzenarten endemisch ist. Aber seine mitgebrachten Kenntnisse kann man hier erst mal vergessen: Hier herrscht verkehrte Welt. Die Evolution hat sich offenbar einen Spaß daraus gemacht, die überraschendsten Lösungen zu finden, und mitten im Ozean eine Art Wunderland erschaffen. So wird etwa der Pollen nicht vom Wind oder von Insekten weitergetragen wie überall sonst auf der Welt, sondern hauptsächlich von einem Gecko. Einem blauen Gecko! Der ebenfalls nur auf der Insel vorkommt. Und der Samentransport? Den Samen vertrauen die Pflanzen endemischen Arten wie dem Maskarenen-Flughund an. Diese großen, tagaktiven Fledermäuse ernähren sich von Mangos, Litschis, Longans, Jackfrüchten, von den Früchten des Kapoks, des Baums der Reisenden und denen vieler anderer heimischer Bäume. Und auch die Riesenschildkröte und der glücklose Dodo – beide wurden im 17. Jahrhundert innerhalb weniger Jahre von den Holländern ausgerottet – waren für die Pflanzen auf Mauritius einst wichtige Samenverbreiter.

Weil auf der Insel große Pflanzenfresser lebten, die keine Säugetiere waren, entwickelten die Pflanzen besondere Anpassungsstrategien wie etwa die Heterophilie: Dabei wachsen an ein und derselben Pflanze Blätter in verschiedenen Formen, Farben und Größen. Das Phänomen lässt sich überall auf der Welt beobachten, ist aber auf den Maskarenen ungewöhnlich stark verbreitet. Warum? Dazu gibt es verschiedene Theorien. Eine Theorie besagt, die Heterophilie erhöhe unter kargen Umweltbedingungen die Anpassungsfähigkeit. Das ist die sogenannte Klimatheorie: Demnach würden sich die Überlebenschancen solcher Arten in klimatisch heißen Lebensräumen erhöhen, da die jungen Pflanzen kleinere Blätter mit einem niedrigeren Verhältnis von Oberfläche zu Volumen besitzen als ältere Pflanzen. Wahrscheinlicher und interessanter klingt allerdings eine andere Theorie, die die Heterophilie mit Riesenschildkröten und großen, flugunfähigen pflanzenfressenden Vögeln in Zusammenhang bringt. Pflanzen, bei denen besonders die jungen Blätter seltsame Formen und Farben aufweisen, wären demnach für solche Fressfeinde weniger attraktiv und hätten sich daher stärker verbreiten können. Die Heterophilie wäre damit das Ergebnis einer komplexen Beziehung zwischen den Arten – die wiederum Kennzeichen der biologischen Vielfalt ist. Da eine große biologische Vielfalt auf komplexen Beziehungen zwischen Pflanzen und Tieren beruht, muss allerdings nur ein einziges Glied in der Kette ausfallen, und schon kommt es direkt oder indirekt zum Aussterben zahlreicher weiterer Arten. Viele Pflanzenarten, deren Samen durch große Fruchtfresser wie die Riesenschildkröte oder den Dodo verbreitet wurden, standen nun plötzlich ohne Samenkurier da.

Ein hervorragendes Beispiel der evolutionären Beziehung zwischen Pflanze und Tier ist etwa die Beziehung zwischen dem Tombalacoque – einem auf Mauritius heimischen Baum, von dem heute nur noch wenige Exemplare existieren – und unserem sympathischen Dodo, der lange sogar als überlebenswichtig für den Baum galt. Die Baumsamen, so dachte man, müssten den Darm des Dodos passieren, um zu keimen. Heute wissen wir, dass der Dodo dafür nicht unbedingt notwendig ist, wissen aber auch, dass der eigentliche Grund für den spürbaren Rückgang des Tombalacoque und vieler anderer Arten – neben einer veränderten chemischen Bodenzusammensetzung durch das Vordringen der ursprünglich als Frucht importierten Guave, die sich dann als furchtbar invasiv erwies – der dramatische Rückgang der einst für Mauritius typischen Fruchtfresser ist.

Das Unglück begann für Mauritius, wie vielerorts auf der Welt, mit den großen Zuckerrohrplantagen. Aus dieser Katastrophe könnten die Kritiker der heutigen intensiven Anbaumethoden der Agrarindustrie viel lernen, und für die Zukunft unseres Planeten lässt sie wenig Gutes erwarten. Was auf der Insel passiert ist, zeigt uns in kleinem Maßstab, was, wenn kein Wunder geschieht, auf unseren Planeten zukommt – der letztendlich auch nur eine Insel ist, wenn auch eine etwas größere.

Um zu erkennen, dass es für die Umwelt nicht gut ist, Wälder abzuholzen und stattdessen Zuckerrohr zu pflanzen, muss man keine hochmodernen Forschungsmethoden anwenden. Auf Mauritius waren die katastrophalen Folgen der Rodungen von Anfang an gut sichtbar. Im Jahr 1836 wurde erst auf zehn Prozent der Inselfläche Zuckerrohr angebaut, und fünfundsechzig Prozent der Insel waren noch bewaldet. Doch schon damals schrieb der französische Naturforscher Julien Desjardins:

»Der Zuckerrohranbau auf Kosten des Waldes und anderer Nutzpflanzen wurde in den letzten zwanzig Jahren dermaßen anormal und sinnlos ausgeweitet, dass die Felder, die früher die Sklaven ernährten, und die Weiden für das Vieh inzwischen so gut wie verschwunden sind. Die Kolonien müssen nun Reis aus Indien und Vieh aus Madagaskar einführen, und wir sind sogar gezwungen, den Kaffee für unseren persönlichen Gebrauch zu importieren!«

Eine präzise Analyse. Mit denselben Worten könnte man noch heute beschreiben, was die intensiven Monokulturen überall auf der Welt anrichten.

Desjardins war nicht der Einzige, der gegen die barbarischen Rodungen protestierte. Viele bedeutende Persönlichkeiten der Zeit warnten vor einer Umweltkatastrophe: vor Trockenheit, unfruchtbaren Böden und dem Aussterben der meisten Arten als Folge der Abholzungen. Aber vergebens: Die lokale »Plantocracy«, die Zuckeraristokratie, ließ sich in ihren Überzeugungen durch nichts erschüttern. In kürzester Zeit verschwand eine Welt aus einzigartigen Tier- und Pflanzenarten, ein unschätzbares Geschenk, das uns vieles über das Leben auf der Erde hätte lehren können und darüber, wie wir es bewahren. Geblieben sind nichts als armselige Spuren des einstigen Reichtums.

Möge uns das wenigstens als Lehre dienen.

CARLO PETRINI

Die Gastronomie – Genuss im Dienste der Veränderung

Wir leben heute in einer Zeit, die den Themen rund um unsere Ernährung eine in der Menschheitsgeschichte wohl einmalige Aufmerksamkeit schenkt. Ich meine damit vor allem das Fernsehen und andere Medien, die die Kochkunst in den letzten Jahren zu ihrem unbestrittenen Lieblingsthema gemacht haben. Es dürfte niemandem entgangen sein, dass die Köche irgendwann in Scharen ihre Küchen verließen und nun zu jeder beliebigen Tages- und Nachtzeit auf unseren Bildschirmen, in Blogs und Zeitschriften oder bei Podiumsgesprächen in Erscheinung treten. Und dass sie sich geradezu schwindelerregend vermehren.

Wenn wir unsere Scheinwerfer auf die Kochkunst richten, darauf, aus Nahrungsmitteln schmackhafte Gerichte zuzubereiten, können sich dahinter zwei unterschiedliche Ansätze verbergen; die Unterschiede liegen dabei nicht nur im Verständnis der Kochkunst und der Rolle des Kochs, sondern ganz allgemein in dem Wert, den unsere Welt – je nachdem, wo wir uns auf ihr befinden – dem Akt des Kochens und Essens beimisst. Auf der einen Seite haben wir, vor allem in der wohlhabenden westlichen Welt, den spielerisch-künstlerischen Ansatz: die Leidenschaft für die Techniken der großen Köche und die Zurschaustellung ihrer Fähigkeiten, wobei die Köche förmlich zu Interpreten einer neuen performativen Kunstgattung geworden sind, die sich größter Beliebtheit erfreut. Auf der anderen Seite hat sich in Lateinamerika und mittlerweile, wenn auch in geringerem Maße, in Afrika und Asien ein neuer Ansatz entwickelt, der die Gastronomie als Genuss im Dienste der Veränderung sieht, als Instrument, das die Freude am Kochen und Essen zum Motor einer sozialen und kulturellen Revolution macht. Besonders interessant dabei ist, dass der zweite Ansatz auf dem Gedanken der biologischen Vielfalt gründet, der vergessen schien und sich heute höchstens noch in armen und angeblich rückständigen Mikroökonomien wiederfindet. Die biologische Vielfalt entpuppt sich hier einmal mehr als ein überraschender Reichtum, der die Welt verändern kann – wenn man die Vielfalt nur richtig interpretiert und klug nutzt: im Einklang mit der natürlichen Umgebung und im Bewusstsein ihrer Endlichkeit.

Im sogenannten reichen Norden und im armen Süden unserer Welt gibt es also zwei unterschiedliche Ansätze, unterschiedliche Auffassungen von ein und derselben Rolle, ein und derselben Welt aus Signifikaten und ein und derselben Verantwortung. Wobei es nicht nur um formale Unterschiede geht. Im Gegenteil, auf diesem schmalen Grat entscheidet sich die Zukunft unseres Planeten: unser Verhältnis zu den Ressourcen, von denen wir definitiv abhängig sind.

In der satten westlichen Welt, in der die Aufgabe, das tägliche Brot herbeizuschaffen, ihre Dringlichkeit fast vollständig verloren hat, führt die Konzentration auf die Kochkunst und die Kreativität ihrer Interpreten dazu, dass ein wesentlicher Aspekt der Rolle des Kochs vollkommen in den Hintergrund getreten ist: seine Verantwortung. So wie am Beginn des Produktionskreislaufs immer der Boden steht – da soll mal einer das Gegenteil beweisen –, so ist, wer in der Küche arbeitet, nur der sichtbare Teil einer Pyramide, deren Fundamente die Äcker unserer Dörfer sind, die Ställe und Fischernetze, mit denen wir Tag für Tag die Nahrungsmittel erzeugen und beschaffen und ohne die wir nicht über Kochkünste, Aromen und Geschmacksnoten fachsimpeln könnten.

Im sogenannten armen Süden hingegen gilt die Kunst der Nahrungsmittelzubereitung meistens oder zumindest im Grundsatz als etwas, das im Dienste der Bauern, der lokalen Produktion und des Umweltschutzes steht.

Darum ist es auch kein Zufall, dass gerade in den Verfassungen lateinamerikanischer Staaten – und bisher nur dort – Umweltrechte festgeschrieben sind, die zudem eng mit den Rechten der indigenen Bevölkerung und anderer Gemeinschaften verknüpft sind, den eigentlichen Bewahrern der Natur. Vor allem Ecuador und Bolivien besitzen heute, zumindest in dieser Hinsicht, die modernsten Verfassungen des amerikanischen Kontinents und vermutlich der ganzen Welt. In zwei Gesetzen, die 2008 beziehungsweise 2009 in Kraft traten, wurden dort erstmals die Rechte der Natur geregelt. Die Natur wurde damit vom Objekt zum juristischen Subjekt, zum Träger bestimmter Rechte. Und das ist ein epochaler Paradigmenwechsel, weil die ökologische Wiederherstellung damit zum rechtmäßigen Anspruch der Natur selbst wird. Mutter Erde hat nunmehr das Recht, dass Ökosysteme repariert werden, wenn sie durch menschliches Handeln beschädigt wurden. Und die biologische Vielfalt ist ihr wertvollster Schatz.

Der Zusammenhang zwischen dieser scheinbar eher technischen juristischen Frage und dem Konzept der Gastronomie, das in Südamerika gerade populär wird, mag auf Anhieb nicht leicht zu erkennen sein. Deshalb möchte ich näher darauf eingehen.

Die Nahrungsmittelproduktion ist heute die Hauptursache für Umweltschäden und den Verlust an biologischer Vielfalt, die in allen Regionen der Welt um sich greifen. Der freie Markt und die daraus resultierende Übermacht der multinationalen Konzerne und der Agrarindustrie haben die Produktionsprozesse allein auf die Frage von Input und Output reduziert und nicht erneuerbare Rohstoffe wie Wasser, fruchtbare Böden und biologische Vielfalt zu reinen Produktionsfaktoren im Dienste des Profits herabgestuft. Nichts könnte weiter vom gerade erwähnten Recht der Natur entfernt sein als dieser Ansatz, führt er doch zu einer grenzenlosen, kurzsichtigen Ausbeutung, die das Überleben der menschlichen Spezies bedroht. Nahrung, Umwelt und unsere Zukunft sind somit durch ein und dasselbe Konzept verknüpft. Und in diesem historischen Moment ist es unsere Pflicht, alles zu tun, um diesen gordischen Knoten zu lösen oder das Problem zumindest in seiner ganzen Komplexität zu begreifen.

Vor diesem Hintergrund zeigt uns die Tatsache, dass die Gastronomie ausgerechnet in Südamerika zum Hauptinstrument der Veränderung geworden ist, welche zentrale Rolle den gastronomischen Wissenschaften heute zukommt. Die im Übrigen, und das kann man nicht oft genug wiederholen, in jeder Hinsicht eine Wissenschaft sind, auch wenn sie, weithin unverstanden, in der akademischen Welt bislang ein Aschenputteldasein spielen. Beispiele zur Untermauerung meiner These finden sich auf dem ganzen Kontinent. Von Mexiko bis Peru, von Chile bis Brasilien sind die großen Köche heute die wichtigsten Fürsprecher einer lokalen Landwirtschaft: Viele fördern oder realisieren Hilfsprogramme für Beschäftigte im Primärsektor oder gründen Akademien, an denen junge Menschen aus den abgelegensten Provinzen einen Beruf erlernen und sich dadurch eine Zukunft aufbauen können, andere entwickeln Vertriebsnetze für kleine, traditionelle Bauern. Die *Comedores populares*, die es vor allem in Peru in fast jedem Viertel gibt, sind heute wichtige Anlaufstellen, wo die Leute zusammenkommen und sich verbünden. Die Köche, meist Köchinnen, geben gesunde, traditionelle Gerichte an eine bunt gemischte Bevölkerung aus, die dort auch – eine sonst fehlende – Gelegenheit zur politischen Diskussion, zur Meinungsbildung oder zur Selbstorganisation findet. Die Köchinnen werden so zunehmend zu zentralen Akteuren des gesellschaftlichen Lebens. Heute gibt es in Lateinamerika eine wachsende Zahl an gastronomischen Veranstaltungen, mit zunehmendem Publikumsinteresse, bei denen verstärkt auch Kleinerzeuger einbezogen werden. Und das sind nur einige der zahlreichen Beispiele für die Macht und die zentrale Bedeutung, die die Nahrung für die öffentliche Debatte haben kann.

Aber natürlich kann es nicht darum gehen, die wohlhabenden Überflussgesellschaften zu verteufeln; im Gegenteil, es kommt vielmehr darauf an, dass auch der reiche Norden die Rolle der Nahrung in ihrer ganzen Tragweite begreift: nämlich ihre Rolle als Motor für gesellschaftliche Veränderungen, für strukturelle Reformen, als Instrument der Befreiung und der Förderung von demokratischen, ausgewogenen und gerechten Wirtschaftsformen, an denen alle teilhaben.

Das gilt allein schon deshalb, weil die beiden Ansätze, die beiden Scheinwerfer, die wir auf die Gastronomie richten, nicht immer klar getrennt und die Rollen regional nicht so eindeutig verteilt sind. Hier möchte ich einige Beispiele in der einen und anderen Richtung nennen. Alice Waters und Jamie Oliver sind zwei Spitzenköche, die besonders in der »reichen Hälfte der Welt« allgemein geschätzt werden. Dennoch kämpfen sie unermüdlich dafür, als verantwortungsbewusste Stimmen in der Welt gehört zu werden. Alice Waters ist heute in den USA die Ikone des biologischen Landbaus, den sie quasi begründet hat. Sie begleitete Tausende von Bauern bei der Umstellung auf biologische Landwirtschaft und machte ihr Restaurant in Berkeley zur Schmiede für junge Köche, die bereit sind, gemeinsam mit den Bauern ein neues Ernährungsmodell für Amerika zu entwickeln und umzusetzen. Und nicht nur das. Aus der Begeisterung für den biologischen Anbau erwuchs eine unglaubliche Kampagne, aus der Schulgärten, Gemeinschaftsgärten, Stadtgärten und kleine Nachbarschaftsprojekte hervorgingen und sich in Windeseile im ganzen Land verbreiteten. In den letzten Jahren wandelten sich schließlich auch die Ansichten der Öffentlichkeit und der Institutionen über das Schulessen und folglich über das, was eine gesunde Ernährung der eigenen Kinder ausmacht. Und dasselbe ist in England passiert, wo Jamie Oliver seine Bekanntheit und seine Kochkunst heute dazu nutzt, bei Kindern ein Bewusstsein für gesunde Ernährung zu wecken und die zuständigen Institutionen für die Bedeutung des Schulessens zu sensibilisieren.

Engagement und Verantwortungsbewusstsein bedeuten im Übrigen keineswegs, dass Spitzenköche ihre Inspiration und Kreativität opfern müssen. Gastón Acurio und Alex Atala aus Peru beziehungsweise Brasilien sind zwei hervorragende Beispiele dafür. Besonders Gastón Acurio revolutionierte die Gastronomie in Peru und später in ganz Südamerika, indem er ein Bewusstsein für die unauflösbare Beziehung zwischen den Erzeugern der Rohstoffe und denen weckte, die daraus fantastische Gerichte kreieren, sowie, nicht zu vergessen, der Schulbildung für Kinder sozialer Randgruppen. Aber ihr großes Engagement und ihre Weitsicht hindern Gastón Acurio und Alex Atala nicht daran, in der Küche große Künstler zu sein und Restaurants zu führen, in denen man unglaublich gut isst und dafür beträchtliche Summen zahlt, wobei der kreative, spielerische Aspekt der Gastronomie keineswegs zu kurz kommt.

Meiner Meinung nach kann die professionelle Zukunft von Gastronomen und Köchen in aller Welt daher nur auf dem Konzept einer Allianz zwischen Köchen und Bauern, zwischen Küchenchefs und Erzeugern basieren. Und damit auf einem Paradigma, das sich in jedem Winkel der Welt anwenden lässt – von Marokko bis in die Niederlande, von der Türkei bis Italien –, wie das Projekt *Slow Food Chef Alliance* beweist.

Ohne solche Allianzen kann, wie ich meine, keine Gemeinschaft entstehen, kein Gruppengefühl; ohne solche Allianzen gibt es keine gemeinsamen Ziele oder Perspektiven.

Hinzu kommt, dass wir dieses Konzept – und das muss hier noch einmal gesagt werden – in einem historischen Moment entwickeln, in dem die Nahrungsmittelproduktion höher ist als je zuvor in der Geschichte der Menschheit, aber dennoch fast eine Milliarde Menschen an Mangelernährung und Hunger leiden. Die alte Beruhigungsformel, die schon zu lange wie ein Mantra wiederholt wird, sagt uns, dass wir den Hunger eines Tages besiegen werden, wenn wir nur die Produktion immer weiter steigern. Doch das hat sich mittlerweile als Illusion entpuppt, als eine ebenso gefährliche wie unredliche Illusion. Und daher stehen wir jetzt an einem Punkt, an dem wir uns entscheiden müssen, mit welchen Augen, mit welcher Haltung wir auf das Thema Welternährung blicken wollen: Denn der Hunger ist die größte Schande unserer Zeit, und dass es ihn überhaupt gibt, zeigt, dass wir uns derzeit auf einem Irrweg befinden.

Ich bin davon überzeugt, dass uns die Gastronomie, in ihrer komplexen, umfassenden Bedeutung, den richtigen Weg weisen kann. Mit neuen Modellen und Paradigmen können wir den Hunger besiegen, die biologische Vielfalt bewahren und auf kluge Weise nutzen; die armen Ökonomien werden dadurch aufblühen. Und der reiche Norden kann sich aus seiner bisherigen

Rolle befreien und dem Planeten und den vielen armen Gesellschaften das zurückgeben, was er ihnen weggenommen hat. Allerdings müssen wir dazu, und das ist unsere Pflicht, die Gastronomie in ihrer ganzen Tragweite begreifen und dürfen uns nicht mit den glänzenden, glitzernden Kochspektakeln begnügen, die uns die Medien täglich präsentieren. Es ist an der Zeit, dass wir voller Demut von denen lernen, die, wie unsere südamerikanischen Brüder und Schwestern, begriffen haben, dass unserer täglichen Nahrung die Macht zur Veränderung innewohnt. Wenn wir ihr die Wertschätzung entgegenbringen, die ihr eigentlich zukommt, beschreiten wir in der Tat einen entscheidenden Weg, um uns selbst wieder wertzuschätzen. Die Zeit, die wir auf diesem Planeten verbringen, ebenso wie die Beziehungen zu unseren Mitlebewesen und zur Erde selbst – die unsere Mutter ist, aber zur bösen Schwiegermutter werden kann, wenn wir sie mit Füßen treten, verhöhnen oder verletzen – erhalten damit wieder einen neuen Sinn.

David G. Haskell
DAS VERBORGENE LEBEN DES WALDES
Ein Jahr Naturbeobachtung
KUNSTMANN

Texte: Stefano Mancuso, Carlo Petrini
Titel der Originalausgabe: *Biodiversi*

Umschlaggestaltung: Heidi Sorg und Christof Leistl, München

Satz + Typografie: frese-werkstatt.de
Druck und Bindung: CPI – Clausen und Bosse, Leck
ISBN 978-3-95614-096-9